Ullstein Ratgeber

Ullstein Ratgeber
Ullstein Buch Nr. 4160
im Verlag Ullstein GmbH,
Frankfurt/M – Berlin – Wien

Deutsche Erstausgabe
Amerikanischer Originaltitel:
The Numerology of Dr. Matrix
Übersetzt von Astrid Gorvin

Umschlagentwurf:
Hansbernd Lindemann

Printed in Germany 1980
Gesamtherstellung:
Ebner Ulm
ISBN 3 548 04160 4

Januar 1981

CIP-Kurztitelaufnahme
der Deutschen Bibliothek

Gardner, Martin:
Die Zahlenspiele des D[okto]r Matrix:
vergnügl. Begegnung mit d. Mathematik /
Martin Gardner. [Übers. von Astrid
Gorvin]. – Dt. Erstausg. – Frankfurt/M,
Berlin, Wien: Ullstein, 1980.
(Ullstein-Buch; Nr. 4160: Ullstein-
Ratgeber)
Einheitssacht.: The numerology of
Doctor Matrix ‹dt.›
ISBN 3-548-04160-4

Martin Gardner

Die Zahlenspiele des Dr. Matrix

Vergnügliche Begegnungen mit der Mathematik

Hans Bachmann

4/81

Ullstein Ratgeber

Für Tommy
meinen Sohn Nummer zwei

INHALT

EINLEITUNG

Dr. Irving Joshua Matrix, den viele heute für den größten Zahlenmystiker aller Zeiten halten, war in wissenschaftlich interessierten Kreisen unseres Landes noch ein Unbekannter, als ich im Januar 1960 zum erstenmal in meiner Kolumne »Mathematische Spiele«, die regelmäßig in der Zeitschrift *Scientific American* erscheint, über ihn berichtet habe. Neben dieser Kolumne habe ich in diesem schmalen Band noch sechs weitere Artikel versammelt, die Interviews mit Dr. Matrix enthalten. Ich hoffe, daß mit Hilfe dieses Buches auch diejenigen, die nicht zu den ständigen Lesern des *Scientific American* gehören, sich einen Begriff machen werden von den ebenso phantastischen wie ideosynkratischen Methoden des Dr. Matrix.

Seit Jahren werde ich von Mathematikern und anderen Personen, die meine Berichte über die erstaunlichen Voraussagen, Analysen, Wort- und Zahlenspiele von Dr. Matrix mit Spannung verfolgt haben, förmlich bedrängt, doch endlich einmal Einzelheiten aus dem *curriculum vitae* des Doktors zu veröffentlichen. Das werde ich nun, nach bestem Wissen, tun. Fast alle meine Informationen über das Leben des Doktors verdanke ich den Mitteilungen, die mir im Laufe der Zeit Iva Toshiyori, die hübsche eurasische Sekretärin des Doktors, anvertraut hat. Diese Informationen zur Biographie sind, abgesehen von einigen Details, mir von keiner anderen Seite bestätigt worden. Das sollte der Leser berücksichtigen.

Dr. Matrix wurde am 21. Februar 1908 in Kagoshima auf der japanischen Insel Kyushu geboren. Sein Vater, Reverend William Miller Bush, war Missionar bei den Adventisten vom Siebenten Tag und stammte aus einer kleinen Stadt in Arkansas namens Figure Five. 1908 stand er im Dienst der Adventistenmission von Kagoshima. Der kleine Irving Joshua Bush, der später den Namen Matrix annehmen sollte, war das erste von sieben Kindern, die alle, bis auf drei ältere Geschwister, in Kagoshima auf die Welt kamen. Fromm im Glauben seiner Eltern an die Prophetie der Bibel erzogen, interessierte er sich frühzeitig dank einer angeborenen Neigung zur Mathematik besonders für die Bedeutung der Zahlen bei den Propheten. Schon im Alter von sieben Jahren überraschte er seinen Vater mit der Erkenntnis, daß es 1 Gott, 2 Testamente, 3 Personen in der Trinität, 4 Evangelien, 5 Bücher Mose, 6 Schöpfungstage und 7 Gaben des Heiligen Geistes gibt.

»Und die 8?« fragte sein Vater.

»Sie ist die heiligste von allen Zahlen«, antwortete ihm der Junge. »Die anderen Zahlen mit Löchern sind 0, 6 und 9, manchmal auch die 4, aber die 8 hat zwei Löcher, deshalb ist sie die heiligste.«*

Mit acht Jahren verbrachte der kleine Bush den größten Teil seiner Freizeit damit, sämtliche Zahlen zu untersuchen, die in den verschiedenen Büchern der Bibel vorkommen. So steht im 1. Buch der Chronik, Kapitel 20, Vers 6 geschrieben, daß der Riese von Gath sechs Zehen an jedem Fuß und sechs Finger an jeder Hand hatte. Nach der Überzeugung des Jungen konnte es kein Zufall mehr sein, daß die Kapi-

* Das Wortspiel von Irving Joshua Bush läßt sich nicht übersetzen: Im Amerikanischen bezeichnet *hole* das *Loch* und *holy* bedeutet *heilig*. (A. d. Ü.)

telnummer 20 übereinstimmt mit der Summe der menschlichen Zehen und Finger und daß ausgerechnet im Vers Nummer 6 die Abnormität der Hände und Füße des Mannes von Gath beschrieben wird. Und wenn wir dann auch noch jeden Buchstaben des Wortes *Gath* numerieren, erklärte der Junge weiter, also a gleich 1, b gleich 2, c gleich 3 und in dieser Ordnung fortlaufend die Buchstaben durch Zahlen ersetzen, so erhält man am Ende als Summe der Buchstaben des Wortes *Gath* die Zahl 36, und diese Zahl ist genau das Quadrat von 6.

Im Alter von neun Jahren analysierte der junge Zahlenmystiker mit der gleichen Technik seinen Nachnamen *Bush.* Dabei erhielt er die Zahlen 2, 21, 19 und 8. Dies sind nun aber exakt die Zahlen seines Geburtsdatums: Der einundzwanzigste Tag des zweiten Monats des Jahres 1908. Was für eine himmlische Korrespondenz offenbarte sich dem Jungen da. Er sah darin ein günstiges Omen, daß Gott mit seinen Plänen es gut mit ihm meinen werde. Er wollte für die Sache der Adventisten kämpfen.

Diese Pläne wurden 1920, Bush war damals dreizehn, von Grund auf erschüttert. Der Junge fand im Versteck einer dunklen Ecke des Arbeitszimmers seines Vaters ein Exemplar des hochbrisanten Buches von D. M. Canright: *Life of Mrs. E. G. White, Seventh-Day Adventist Prophet: Her False Claims Refuted* (Cincinnati: Standard Publishing Co., 1919).

Erschüttert und von den Enthüllungen dieses Buches ernüchtert, befand er sich doch plötzlich in einem hoffnungslosen Konflikt mit den Grundwerten seiner Eltern, lief der Junge von zu Hause fort, vielleicht um in Tokio seinen Weg zu machen. Naturgemäß sprach er die japanische Sprache ebenso fließend wie die englische.

Neben seinem früh erwachten Interesse an Zahlen hatte sich der junge Bush beizeiten ein Hobby aus Zauberkunststükken und Taschenspielerei gemacht. Ein alter Japaner und Freund seines Vaters, der einmal im Showbusiness tätig gewesen war, hatte ihm einige einfache Tricks beigebracht. Nun konnte er sich in Tokio einige Jahre damit durchschlagen, zeigte an Straßenecken seine Kunststücke und magische Zirkeleien. Bei dieser Arbeit sah ihn eines Tages der berühmte japanische Zauberer Tenkai, der ihn sofort als Assistenten engagierte. Und als er die Zwanzig überschritten hatte, reiste Bush endlich mit einer eigenen Nummer als Gedankenleser unter dem Künstlernamen Matrix durch ganz Japan.

1938 heiratete er seine Assistentin, Eisei Toshiyori, deren Vater ein japanischer Jongleur und Kunstradfahrer war. Eine Tochter, ihr einziges Kind, wurde im folgenden Jahr geboren.

Mrs. Matrix kam im April 1942 während des Bombenangriffs auf Tokio ums Leben. Nach dem plötzlichen Ende des Krieges mit Japan ließ sich Dr. Matrix in Paris nieder, wo er sich am linken Seineufer in kürzester Frist das Renommée eines bedeutenden Astrologen und Spezialisten für Zahlenmystik verschaffte. Man erzählt sich sogar – ob das der Wahrheit entspricht, weiß ich allerdings nicht –, daß selbst Charles de Gaulle seinen Rat eingeholt hat, als er vor der Frage stand, ob er André Malraux zu seinem Informationsminister ernennen soll oder nicht. Die positive Antwort, die sich aus der genauen Analyse nicht nur der Geburtsdaten, sondern auch der Namen beider Männer ergab, soll den Präsidenten überzeugt haben. Während seines Aufenthaltes in Paris schloß Dr. Matrix schon bald mit dem weltberühmten französischen Mathematiker Nicolas Bourbaki Freundschaft. Obwohl er, abgesehen von den sechs Klassen an der Missionsschule in Kagoshima, keinerlei Schulausbildung genossen hat, ist es dem Doktor gelungen, sich im Selbststudium ein immenses Wissen über die speziellen Zahlentheorien zu erwerben. Im Austausch mit dem großen Bourbaki vertiefte er seine Kenntnisse über den fundamentalen Aufbau der Zahlen im Bereich der Mathematik noch erheblich.

Nachdem er zwei Jahre an der Grand Academy of Lagado in Laputa ein Seminar über die höhere Zahlenmystik geleitet hatte, kam Dr. Matrix im Jahre 1958 in die Vereinigten Staaten und errichtete in New York City eine eigene Praxis. Man verwechsle ihn bitte nicht mit der anderen Person, die sich auch Dr. Matrix nennt, deren poetische und philosophische Gedanken in dieser Zeit von Stanley Whitehead verbreitet wurden, dem Chefredakteur der *Main Events,* einem Abendblatt des City College in New York. Whitehead hat in einer Kolumne dieser Zeitung 1956 zum erstenmal über *seinen* Dr. Matrix geschrieben, ganze vier Jahre vor meiner ersten Kolumne über *meinen* Dr. Matrix. Erst in einem Brief, den mir Whitehead 1962 geschrieben hat, erfuhr ich etwas von der Existenz dieses anderen Dr. Matrix. Wenn ich recht unterrichtet bin, so ist es zu einer Begegnung zwischen diesen beiden Doktoren nie gekommen.

Über den derzeitigen Aufenthalt des Zahlenmystikers Dr. Matrix kann ich leider überhaupt keine Angaben machen. Weder vom Doktor noch von Iva habe ich ein Wort gehört, seit sie 1966, wie ich im letzten Kapitel berichten werde, spurlos vom Campus des Wordsmith College verschwunden sind. Aber ich bin ganz sicher, daß wir schon bald wieder etwas von Dr. Matrix hören werden, denn er wird es sich nicht nehmen lassen, uns für die kurz bevorstehende Präsidentenwahl im Jahre 1968 wieder mit seinen scharfsinnigen Kommentaren zu versorgen.

Hastings-on-Hudson, New York Martin Gardner

KAPITEL I

Dr. Matrix in New York

Die Numerologie, das Studium der mystischen Bedeutung von Zahlen, hat eine lange und verwickelte Geschichte, zu der die alten hebräischen Kabbalisten ebenso gehören wie die griechischen Pythagoreer, Philo von Alexandria, die Gnostiker und viele ausgezeichnete Theologen, aber auch jene Hollywood-Zahlenmystiker, die in den 20er und 30er Jahren durch das Erfinden von Namen (mit schönem »Klang«) für Möchtegerne-Stars zu Wohlstand kamen. Ich muß gestehen, daß mich derartige Geschichten immer ziemlich gelangweilt haben. So hatte ich auch überhaupt kein Interesse, als mir ein Freund Ende Dezember 1959 den Vorschlag machte, einen Zahlenmystiker in New York kennenzulernen, der sich Dr. Matrix nannte.

»Aber du wirst ihn sehr amüsant finden«, beharrte mein Freund. »Er behauptet, eine Reinkarnation des Pythagoras zu sein, und scheint wirklich etwas von Mathematik zu verstehen. Er hat mir zum Beispiel ausgerechnet, daß 1960 ein ungewöhnliches Jahr werden muß, da 1960 als Summe von zwei Quadraten geschrieben werden kann: 14^2 und 42^2 – wobei die Zahlen 14 und 42 noch ein Vielfaches der mystischen Zahl 7 sind.«

Ich machte schnell auf einem Stück Papier die Probe. »Bei Platon, er hat recht!« rief ich. »Vielleicht lohnt es sich wirklich, mit ihm zu reden.«

Ich verabredete telefonisch einen Termin und einige Tage später wurde ich von einer hübschen Sekretärin mit dunk-

len, mandelförmigen Augen in das Allerheiligste des Doktors geführt. Zehn riesige Zahlen von 1 bis 10 hingen golden glänzend an der Stirnwand hinter einem langen Pult. Sie waren in Form eines Dreiecks angeordnet, ein Muster, nach dem heute noch die Kegel beim Bowling angeordnet werden, das aber die alten Pythagoreer ehrfürchtig die »heilige Tetraktys« nannten, die heilige Zahl Vier.
Ein großes Dodekaeder auf dem Pult hatte auf jeder seiner zwölf Seiten einen Kalender für jeden Monat des neuen Jahres. Leise erklang aus einem verborgenen Lautsprecher Orgelmusik.
Dr. Matrix betrat den Raum durch den Vorhang einer Seitentür. Er war von großer, hagerer Statur, das ausdrucksvolle Gesicht wurde beherrscht von einer bedeutenden Nase und strahlend grünen Augen mit durchdringendem Blick. Er bat mich, Platz zu nehmen. »Ich höre, Sie schreiben für den *Scientific American,*« sagte er mit einem ironischen Lächeln. »Sie kommen gewiß nicht in einer persönlichen Angelegenheit, sondern haben offenbar die Absicht, mich über meine Methoden auszufragen.«
»Sie haben es erraten«, erwiderte ich.
Der Doktor drückte auf einen Knopf an der Seitenwand, worauf sich eine Platte in der Holztäfelung in Bewegung setzte, hinter der eine kleine Tafel zum Vorschein kam. Auf dieser Tafel waren mit Kreide die Buchstaben des Alphabets geschrieben, und zwar in Form eines Kreises, der das *Z* mit dem *A* verbindet *(siehe Abbildung 1).*
»Zunächst möchte ich Ihnen erklären«, begann der Doktor, »aus welchen Gründen das Jahr 1960 für Ihre Zeitschrift erfolgreich zu werden verspricht.« Dabei tippte er mit dem Ende seines Bleistiftes auf den Buchstaben *A* und folgte dem Kreisalphabet, bis er 19 abgezählt hatte. Der neun-

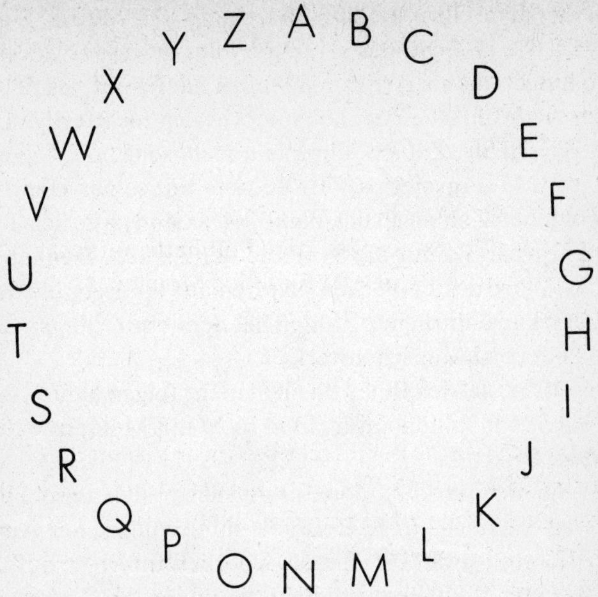

Abbildung 1. Das Kreisalphabet des Dr. Matrix

zehnte Buchstabe war *S.* Dann fuhr er in der Kreisbewegung fort, wobei er mit dem Buchstaben *T* wieder bei 1 begann und zählte bis 60 weiter. Der sechzigste Buchstabe war ein *A. S* und *A,* bedeutete er mir, sind die Initialen Ihrer Zeitschrift *Scientific American.*

»Was Sie da machen, ist nun wirklich kein Kunststück«, entgegnete ich ihm. »Bei den tausend verschiedenen Möglichkeiten, die einer solchen Übereinstimmung wie dieser zugrunde liegen, ist es doch wohl mehr als wahrscheinlich, daß Sie mit Ihrer Übung und ein wenig Anstrengung am Ende zumindest eine davon finden werden.«

»Ich verstehe Ihre Bedenken«, sagte Dr. Matrix, »aber glauben Sie ja nicht, das sei schon alles gewesen. Übereinstimmungen dieser Art treten viel zu häufig auf, als daß sie durch die Wahrscheinlichkeitstheorie sich rechtfertigen ließen. Wissen Sie, Zahlen führen ein recht seltsames Eigenleben, geradezu mysteriös.« Er deutete mit seiner Hand auf die goldenen Zahlen an der Wand. »Das sind natürlich keine Zahlen. Das sind nur die Symbole der Zahlen. Denken Sie an das Wort des deutschen Mathematikers Leopold Kronecker: ›Die natürlichen Zahlen hat der liebe Gott gemacht, alles andere ist Menschenwerk‹.«
»Ich glaube, daß ich Ihnen da nicht mehr folgen kann«, sagte ich, »aber wir sollten unsere Zeit nicht mit Metaphysik vergeuden, Doktor.«
»Wie Sie meinen«, erwiderte er und setzte sich an sein Pult. »Lassen Sie mich einige Beispiele numerologischer Analysen zitieren, für die Ihre Leser sicherlich Interesse aufbringen werden. Sie haben vielleicht schon von der Theorie gehört, daß Shakespeare insgeheim an der Übersetzung der King-James-Bibel beteiligt gewesen sein soll.«
Ich schüttelte den Kopf.
»Für einen Numerologen duldet diese Theorie keinen Zweifel. Wenn Sie den 46. Psalm aufschlagen, so werden Sie sehen, daß das sechsundvierzigste Wort ›shake‹ lautet. Zählen Sie vom Ende dieses Psalms sechsundvierzig Wörter zurück, so lesen Sie das Wort ›spear‹.«*
»Warum 46?« fragte ich lächelnd.
»Nun«, erwiderte Dr. Matrix, »Shakespeare war sechsundvierzig Jahre alt, als die authorisierte Fassung der King-James-Bibel 1610 vollendet wurde.«

* Das Wort *selah* am Schluß gehört nicht zum Psalm. (M. G.)

»Nicht schlecht«, sagte ich und machte mir einige Notizen. »Haben Sie noch mehr auf Lager?«
»Tausenderlei«, sagte Dr. Matrix. »Nehmen wir nur den Fall Richard Wagner und die Zahl 13. Der Name Richard Wagner besteht aus 13 Buchstaben. Er wurde 1813 geboren. Zusammen ergeben die Ziffern dieser Jahreszahl die Summe 13. Er komponierte 13 große Musikwerke. *Tannhäuser,* sein größtes Werk, wurde am 13. April 1845 vollendet und am 13. März 1861 uraufgeführt. *Parsifal* beendete er am 13. Januar 1882. Die *Walküre* wurde am 26. Juni 1870 zum erstenmal aufgeführt, sehen Sie, zweimal 13 ist 26. *Lohengrin* wurde 1848 komponiert, aber Wagner sah erst 1861 eine Aufführung dieses Werkes, also genau 13 Jahre später. Er starb am 13. Februar 1883. Beachten Sie, daß die erste und die letzte Zahl dieses Jahres wiederum eine 13 bilden. Und dies sind nur einige von den zahlreichen Momenten der 13 in Wagners Leben.«
Dr. Matrix wartete, bis ich zu Ende geschrieben hatte, um dann fortzufahren: »Wichtige Daten sind keineswegs zufällig. Das Atomzeitalter begann mit dem Jahre 1942, als Enrico Fermi mit seinen Kollegen die erste nukleare Kettenreaktion auslöste. Vielleicht haben Sie in Laura Fermis zauberhafter Biographie über ihren Mann, *Atoms in the Family,* gelesen, daß Arthur Compton nach dem erfolgreichen Experiment James Conant angerufen hat, um ihm diese Neuigkeit mitzuteilen. Comptons erster Satz war: ›Der italienische Seefahrer hat die Neue Welt erreicht.‹ Haben Sie je daran gedacht, daß durch Vertauschen der mittleren Ziffern von 1942 die Jahreszahl 1492 entsteht, das Jahr, in dem Columbus, ein anderer italienischer Seefahrer, die Neue Welt entdeckt hat?«
»Nein«, antwortete ich, »daran habe ich nie gedacht.«

»Doch damit nicht genug. Am Nachmittag des besagten 2. Dezember 1942 waren in Fermis Labor unter dem Footballstadion der Universität von Chicago genau zweiundvierzig Leute anwesend, als Fermi die Meßgeräte überprüfte und feststellen konnte, daß ihnen die Kettenreaktion der Atome gelungen war.«*

»Donnerwetter«, rief ich erstaunt und schrieb wie ein Wilder mit.

»Auch das Leben Kaiser Wilhelms I. ist numerologisch gesehen von größtem Interesse«, fuhr Dr. Matrix fort. »1849 zerschlug er die deutsche Revolution. Die Summe dieses Datums ist 22. Addieren Sie 22 und 1849, und Sie erhalten 1871, das Jahr, in dem Wilhelm zum Kaiser gekrönt wurde. Wiederholen Sie diesen Vorgang mit 1871, und Sie kommen auf 1888, sein Todesjahr. Wiederholen Sie diese Prozedur

* Der folgende Brief des Physikers Luis W. Alvarez wurde im April 1960 im *Scientific American* veröffentlicht:
Martin Gardners Bericht über seinen Besuch bei Dr. Matrix habe ich mit Vergnügen gelesen. Die Überlegungen des Doktors in Zusammenhang mit der ersten Kettenreaktion sind durchaus richtig, aber da er am Manhattan District Projekt nicht beteiligt war, fehlen ihm bei seiner Argumentation natürlich einige wichtige Details, die seine Schlußfolgerungen nur noch erhärten würden. Wäre der Doktor dabei gewesen, hätte er registrieren können, daß man mit dem Bau der Atomkraftanlage während des Krieges allein das Ziel verfolgte, Plutonium zu gewinnen, das 94. Element im periodischen System der Elemente. Aufgrund seiner mangelnden Einsicht in den Manhattan District kann Dr. Matrix auch unmöglich wissen, daß der Code für Plutonium während des Krieges die Zahl »49« war. Wäre dem guten Doktor dieses Faktum bekannt gewesen, hätte er gewiß auch darüber räsoniert, daß das Element 94 in Kalifornien entdeckt wurde, dem Land der 49er.
Sie haben den Wissenschaftler in mir, der weiß, daß eine neue Theorie im Labor auf ihr Vermögen hin getestet wird, Zusammenhänge aufzudecken, die der Erfinder dieser Theorie nicht hat voraussehen können, mit Ihrem Artikel von der Bedeutung der Numerologie bei einem solchen Versuch überzeugt.

noch einmal, und Sie erhalten 1913, das letzte Friedensjahr, bevor der Erste Weltkrieg sein Reich zerstörte. Auf solche ungewöhnlichen Zahlenmuster werden Sie in allen Lebensläufen berühmter Männer stoßen. Ist es nur ein Zufall, daß der geniale Maler sakraler Szenen, Raffael, am 6. April geboren wird und an einem 6. April stirbt und beide Daten auch noch auf einen Karfreitag fallen? Ist es nur Zufall, daß Shakespeare am 23. April geboren wird und am 23. April stirbt und 2 mal 23 die 46 ergibt, jene Zahl, die der Schlüssel für seine Mitarbeit an der Bibelübersetzung ist?«
»23 ist doch die Nummer des Psalms«, fügte ich hinzu, »den Shakespeare vermutlich übersetzt hat.«
Der Doktor nickte und fuhr in seiner Betrachtung fort. »Genau vor hundert Jahren wurden drei berühmte Philosophen geboren: John Dewey, Henri Bergson und Samuel Alexander. Für alle drei wurde die Evolution zum Eckpfeiler ihrer philosophischen Vorstellungen. Warum? Weil 1859 das Jahr war, in dem Darwins Buch *Von der Entstehung der Arten* erschien. Halten Sie es für einen Zufall, daß Houdini, der Liebhaber der Mysterien, ausgerechnet am 31. Oktober gestorben ist, dem Halloweenstag?«*
»Schon möglich«, murmelte ich.
Der Doktor schüttelte nachdrücklich mit dem Kopf. »Ich vermute, Sie werden es auch für Zufall halten, daß nach dem Deweyschen Dezimalsystem, das in den Büchereien praktiziert wird, die Bücher über Zahlentheorie unter der Nummer 512.81 eingeordnet werden.«
»Was ist denn daran so ungewöhnlich?«
»Das ist allerdings ungewöhnlich. 512 ist die Zahl 2 in neun-

* Abend vor Allerheiligen, an dem nach dem Volksglauben allerhand Spuk sein Unwesen treibt. (A. d. Ü.)

ter Potenz und 81 die 9 in zweiter Potenz.* Mir scheint aber etwas anderes dabei noch bemerkenswerter. 11 plus 2 minus 1 ist 12. Ich werde Ihnen demonstrieren, wie diese Gleichung mit Buchstaben zu lösen ist.« Er ging zur Wandtafel, auf die er das Wort ELEVEN schrieb, fügte TWO hinzu, es entstand ELEVENTWO. Dann löschte er die Buchstaben ONE, und stehen blieb ELEVTW. »Wenn Sie diese sechs Buchstaben umgruppieren«, sagte er, »erhalten Sie das Wort TWELVE.«

Ich griff zum Taschentuch und wischte mir den Schweiß von der Stirn. »Haben Sie etwa auch eine Theorie über die 666«, fragte ich den Doktor, »die sogenannte Zahl des Tieres?** Erst vor kurzem habe ich im Buch *Our Times and Their Meaning* des Adventisten vom Siebenten Tag Charly B. Haynes gelesen, wo diese Zahl 666 mit der römisch-katholischen Kirche identifiziert wird, und dies einfach dadurch, daß alle römischen Ziffern addiert werden, die in einem der lateinischen Titel des Papstes vorkommen: *Vicarius Filii Dei.* Dadurch kommt man genau auf 666.«

V	–	5
I	–	1
C	–	100
A	–	
R	–	
I	–	1
U	–	5
S	–	
F	–	

* Harry Lindgren hat dies im *Australian Mathematics Teacher,* Bd. 8 (1952), S. 8 dargelegt.

** Vgl. Offenbarung des Johannes, Kapitel 13, Vers 18.

I	–	1
L	–	50
I	–	1
I	–	1
D	–	500
E	–	
I	–	1
		666

(Für U steht nach alter Schreibweise V.)

»Ach, ich könnte Ihnen stundenlang einen Vortrag über die 666 halten«, sagte der Doktor. »Die Praktiken mit der Zahl des Tieres sind sehr alt. Ein Numerologe, der etwas von seinem Handwerk versteht, wird Ihnen mit Leichtigkeit in jedem beliebigen Namen die 666 präsentieren können. Nehmen Sie beispielsweise den Namen *Ellen Gould White,* die inspirierte Prophetin und Begründerin der Adventisten-Bewegung vom Siebenten Tag, und addieren Sie die in diesem Namen enthaltenen römischen Ziffern (wobei Sie W als doppeltes U oder zwei V zählen) – auch hier erhalten Sie als Endsumme die Zahl 666.«

E	–	
L	–	50
L	–	50
E	–	
N	–	
G	–	
O	–	
U	–	5
L	–	50
D	–	500

W	–	10
H	–	
I	–	1
T	–	
E	–	
		666

»Tolstoi«, setzte Matrix seine Rede fort, »hat sich im ersten Teil des dritten Bandes von *Krieg und Frieden,* im Kapitel 19 eine besonders schlaue Methode ausgedacht, um auf die 666 im Namen *L'Empereur Napoléon* zu kommen. Der Name des britischen Premierministers William Gladstone wurde von einem seiner politischen Gegner auf griechisch geschrieben, die griechischen Ziffern im Namen zusammengezählt, und auch *Gladstone* kam auf 666. Auch aus *Hitler* läßt sich mühelos die Zahl 666 ableiten, wenn wir einen bekannten Code benutzen, bei dem man *A* ersetzt durch 100, *B* durch 101, *C* durch 102 und so weiter.«

H	–	107
I	–	108
T	–	119
L	–	111
E	–	104
R	–	117
		666

»Sie werden wissen«, sagte ich, »daß man 666 Elemente wie die zehn Zahlen an Ihrer Wand in Form eines Dreiecks anbringen kann.«
»Ja, als Dreieckszahl gehört die 666 zu den figurierten Zahlen, mit einer Seite von 36. Das heißt natürlich auch, daß die

Endsumme der positiven ganzen Zahlen auf einer Roulettscheibe, also die Zahlen von 1 bis 36, wiederum 666 ist. Es ist merkwürdig, aber unter den Zahlen, die weniger als dreißig Stellen haben, gibt es nur drei Dreieckszahlen, deren Schriftbild aus der Wiederholung der gleichen Ziffer besteht: 55, 66 und 666. Aber die Sache wird noch kurioser. Wenn Sie die ersten sechs römischen Ziffern der Reihenfolge nach von rechts nach links aufschreiben, so sieht das so aus.«

Er schrieb DCLXVI (das ist 666) an die Tafel.

»Aber was hat das alles zu bedeuten?« fragte ich.

Dr. Matrix war für einen Moment schweigsam geworden. »Die wahre Bedeutung kennen nur einige wenige Eingeweihte«, sagte er mit ernster Miene. »Es tut mir leid, aber dies ist nicht der Augenblick für Enthüllungen.«

»Wären Sie denn bereit, etwas über die nächste Präsidentschaftswahl zu sagen?« fragte ich. »Wer wird 1960 von der Republikanischen Partei nominiert, Nixon oder Rockefeller?«

»Das ist wieder so eine Frage, die ich lieber nicht beantworten werde«, sagte er. »Aber ich möchte Ihre Aufmerksamkeit auf den eigenartigen Konflikt lenken, der beide Männer miteinander verbindet. *Nelson* beginnt und endet mit einem *N. Rockefeller* beginnt und endet mit einem *R.* Nixons Name hat das gleiche Muster, nur umgekehrt. *Richard* beginnt und endet fast auch mit einem *R. Nixon* beginnt und endet mit einem *N:* Wissen Sie, wann und wo Nixon geboren wurde?«

»Nein«, sagte ich.

»In Yorba Linda, in Kalifornien – im Januar 1913.« Dr. Matrix drehte sich um und schrieb dieses Datum an die Tafel: 1–1913. Er zählte die Ziffern zusammen und erhielt

15. Auf dem kreisförmigen Alphabet markierte er die Buchstaben *Y, L* und *C,* die Initialen von Nixons Geburtsort, dann zählte er von jedem Buchstaben im Uhrzeigersinn 15 Buchstaben weiter und erhielt *NAR,* die Initialen von Nelson Aldrich Rockefeller! »Sie sehen«, sagte der Doktor am Ende, »von beiden Kandidaten hat Rockefeller die besseren Chancen, gewählt zu werden.«
»Wie soll ich das verstehen?«
»Sein Name hat einen Doppelbuchstaben. Wissen Sie, in unserem Jahrhundert muß jeder Präsident wegen der Zahl 2 in ›20. Jahrhundert‹ einen Doppelbuchstaben haben, denken Sie an das *oo* in Roosevelt oder *rr* in Harry Truman.«
Ich habe das später nachgeprüft, und wirklich, bis auf eine Ausnahme, Dwight David Eisenhower, hat Dr. Matrix recht gehabt. Die Präsidenten des zwanzigsten Jahrhunderts vor Kennedy waren:

Wi*ll*iam MacKinley
Theodore R*oo*sevelt
Wi*ll*iam Taft
W*oo*drow Wilson
Wa*rr*en Harding
Calvin C*oo*lidge
Herbert H*oo*ver
Franklin R*oo*sevelt
Ha*rr*y Truman
Dwight Eisenhower

»Ike hat aber doch keinen Doppelbuchstaben«, sagte ich.
»Sie haben recht. Eisenhower ist die Ausnahme. Freilich sollten wir in Rechnung stellen, daß er zweimal gegen Adlai

Ewing Stevenson kandidiert hat, dem auch der Doppelbuchstabe fehlt. Zwei Dinge haben die Wahl zu Ikes Gunsten beeinflußt: zum einen seine doppelten Initialen, *D. D.*, andererseits die Tatsache, daß *W* in unserer Sprache eine Abkürzung von ›Double U‹ ist.«

Mein Blick fiel wieder auf die Tafel. »Gibt es denn noch andere Verfahren, bei denen das Kreisalphabet eine Rolle spielt?«

»Aber ja doch, sehr viele«, antwortete der Doktor, »ich gebe Ihnen gern noch ein weiteres Beispiel. Vor Tagen erst hat mich ein junger Mann aus Brooklyn konsultiert. Er hatte sich von einer Bande jugendlicher Rowdies losgesagt, dem Treuegelöbnis der Gruppe abgeschworen und fürchtete nun, er müsse die Stadt verlassen, um der Rache der Bandenmitglieder zu entgehen. Er wollte wissen, ob ich ihm mit Hilfe der Numerologie sagen könne, wohin er gehen soll. Ich überzeugte ihn davon, nirgendwohin zu gehen, indem ich das Wort *abjurer* nahm – als Bezeichnung für jemanden, der etwas abschwört – und dann jeden Buchstaben durch den im Kreisalphabet direkt gegenüberliegenden ersetzte.«

Dr. Matrix zog an der Tafel Verbindungslinien von *A* nach *N*, von *B* nach *O* und so weiter. Dadurch entstand ein neues Wort: *nowhere*, nirgendwohin. »Wenn Sie das für einen Zufall halten«, sagte er, »so versuchen Sie es bitte mit noch kürzeren Wörtern. Die Chancen, mit dieser Technik ein zweites Wort zu finden, sind astronomisch im Gegensatz zu einem Wort mit sieben Buchstaben.«

Es war spät geworden, nervös blickte ich auf meine Armbanduhr. »Würden Sie mir, Herr Doktor, als Aufgabe für meine Leser ein oder zwei Probleme aus der Numerologie mitgeben, vielleicht findet einer die richtige Lösung?«

»Mit Vergnügen«, sagte er. »Ich habe da ein ganz einfa-

ches.« Noch während er sprach, schrieb er die Buchstaben OTTFFSSENT auf mein Notizblatt.
»Nach welchem Prinzip sind diese Buchstaben geordnet?« fragte er. »Das ist ein Problem, das ich gerne Erstsemestern in meinem Seminar über Neo-Pythagoreanismus stelle. Sie werden bemerkt haben, daß die Anzahl der Buchstaben mit der Anzahl der Buchstaben im Namen Pythagoras identisch ist.«
Neben diese Buchstaben schrieb er nun:

```
FORTY
  TEN
  TEN
-----
SIXTY
```

»Jeder Buchstabe in dieser Addition steht für eine andere Ziffer«, erklärte er. »Es gibt nur eine Lösung, soviel darf ich wohl verraten, aber man wird sich schon etwas den Kopf zerbrechen müssen, um darauf zu kommen.«
Ich nahm Bleistift und Papier und stand auf. Immer noch erfüllte Orgelmusik den Raum. »Eine Platte von Bach?« fragte ich.
»Ja, ja«, antwortete der Doktor, indem er mich zur Tür geleitete. »Bach hat unsere Wissenschaft gründlich studiert. Haben Sie Leonard Bersteins Buch *Freude an der Musik* gelesen? Darin steht ein interessanter Abschnitt über Bachs zahlenmystische Untersuchungen. Er hat gewußt, daß die Summe der Zahlenwerte in *Bach* – *A* ist 1, *B* ist 2 und so weiter – 14 ist, ein Vielfaches der göttlichen 7. Er wußte auch, daß die Summe seines vollständigen Namens 41 ist, also die Umkehrung von 14 und darüber hinaus die vierzehnte

Primzahl, wenn Sie die 1 mitzählen. Das Stück, welches Sie gerade hören, heißt *Vor deinen Thron tret' ich allhier,* ein Choral übrigens, in dem Bach bei der musikalischen Form mit diesem 14-41-Motiv spielt. Das erste Thema hat 14 Noten, die ganze Melodie 41. Eine großartige Harmonie, nicht wahr? Unsere modernen Komponisten sollten ein wenig Numerologie treiben, dann würde auch ihre Musik der Sphärenmusik so nahe kommen!«

Leicht betäubt verließ ich das Sprechzimmer, aber meine Sinne waren noch wach genug, um beim Weggehen zu bemerken, daß die Sekretärin des Doktors 1 Stupsnase, 2 leuchtende Augen und eine höchst interessante Figur hatte.

KAPITEL II

Dr. Matrix in Los Angeles

Die Vorhersage von Dr. Matrix aus dem Jahre 1959, daß der nächste Präsident der Vereinigten Staaten einen Doppelbuchstaben in seinem Namen haben werde, hat sich 1960 auf dramatische Weise durch die Wahl von John F. Kennedy erfüllt. Tatsächlich war Kennedy der einzige Präsidentschaftskandidat, der für die Nominierung bei den Demokraten ernsthaft in Betracht kam, dessen Name einen Doppelbuchstaben enthielt; und seinem Wahlgegner, Richard Milhous Nixon, fehlte der Doppelbuchstabe. Ende 1960 kam mir der Gedanke, Dr. Matrix könnte vielleicht ähnliche Einsichten in die kommenden Ereignisse des bevorstehenden Jahres 1961 haben. Ich versuchte also, ihn telefonisch zu erreichen, erfuhr aber, daß er bereits im Spätsommer nach Los Angeles übergesiedelt war. So nahm ich brieflich mit ihm Kontakt auf und verabredete für Dezember ein Treffen, weil ich zu der Zeit ohnehin in Los Angeles geschäftlich zu tun hatte.

Seine Praxis lag im vierzehnten Stock eines großen Apartmenthauses, nicht weit von der University of California der Stadt Los Angeles entfernt. Mit Freuden sah ich, als ich das großzügig ausgestattete Empfangszimmer betrat, daß Miss Iva Toshiyori, die attraktive eurasische Sekretärin des Doktors, noch immer bei ihm war. Mit einem bezaubernden Lächeln gab sie mir zu verstehen, daß sie mich wiedererkenne, und führte mich dann sogleich in das Sprechzimmer des Zahlenmystikers.

»Bitte nehmen Sie Platz«, sagte sie, »Dr. Matrix wird gleich kommen.«
Aus einem verborgenen Lautsprecher erklang leise eine weiche und fremd klingende Musik, es waren offenbar orientalische Weisen. Große goldene Zahlen, zum Quadrat geordnet, warfen ihren Glanz auf einen schwarzen Samtvorhang, der an der Wand hinter dem Pult mit einer Glasplatte hing. Ich zählte gerade die Reihen, um festzustellen, ob es sich um ein magisches Quadrat handelt, als Dr. Matrix durch den Vorhang einer Seitentür den Raum betrat.
Wir gaben uns die Hände. Seine große hagere Gestalt überragte mich, und seine smaragdgrünen Augen schienen mich mit einem Anflug von Ironie zu betrachten.
»Bei meinem letzten Besuch«, sagte ich, »bildeten diese Zahlen das heilige Dreieck der Pythagoreer.«
»Ach ja«, sagte er und drehte seine Hakennase zur Rückwand. »Ich pflege das Arrangement jeden Monat zu ändern. Was Sie hier sehen, ist ein antimagisches Quadrat. Die Summe jeder Reihe, Spalte und Hauptdiagonale ergibt ein unterschiedliches Ganzes.«
»Höchst interessant«, bemerkte ich, während ich das Quadrat auf meinem Notizblock skizzierte *(siehe Abbildung 2)*
»Das ist nichts Besonderes«, entgegnete er. »Es gibt einige hundert Arten, ein solches Quadrat zu konstruieren. Viel strengere Drei-mal-drei-Quadrate sind möglich, mit dreistelligen Additionsblöcken, deren Qualität auch antimagisch ist, aber ich habe dies hier besonders gern wegen der spiralförmigen Anordnung der Zahlen.«
»Man könnte sagen«, bemerkte ich, »daß die neun Zahlen des Quadrats in ihrer Reihenfolge nach den Zügen des Turms beim Schach verbunden sind. Setzen Sie die Schachfigur auf die 1, so können Sie ihn nach den für ihn geltenden

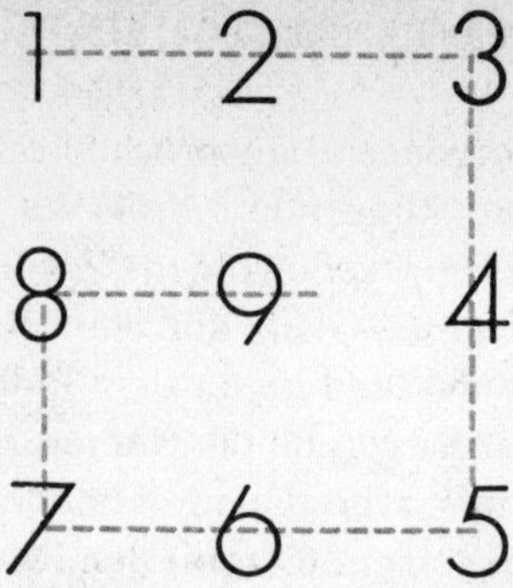

Abbildung 2. Durch Turmzüge verbundenes antimagisches Quadrat

Regeln (diagonale Züge sind nicht erlaubt) in der Weise bewegen, daß er alle Zahlen in der Reihenfolge von 1 bis 9 berührt. Gibt es noch andere antimagische Dreierquadrate mit den gleichen Eigenschaften?«

»Ja, aber nur eins.«

Dr. Matrix skizzierte es für mich. Wird der Leser es erraten? Drehungen oder Spiegelungen anderer Art sind selbstverständlich nicht erlaubt.

»Übrigens«, sagte ich, »im Fahrstuhl fiel mir auf, daß das Gebäude keinen dreizehnten Stock hat. Das kann doch nur heißen, daß Ihr Stockwerk, das vierzehnte, in Wirklichkeit das dreizehnte ist?«

Dr. Matrix' grüne Augen blitzten amüsiert auf. »Natürlich. Ich hoffe, Sie halten mich nicht für abergläubisch oder betrachten mich nicht als Opfer der Triakaidekaphobie.* Sie

* Triakaidekaphobie: Irrationale Angst vor der Zahl 13. Über den Aberglauben, daß von dreizehn Personen, die am selben Tisch speisen, eine ein Unglück ereilt, unterrichtet der amüsante Artikel »Thirteen at Table« von

machen es sich vielleicht nicht bewußt, aber die 13 als Symbol begegnet Ihnen in den Vereinigten Staaten auf Schritt und Tritt. Ihr Amerikaner habt offenbar eine Vorliebe für diese Reminiszenz an die 13 Gründerstaaten, angefangen bei der Anzahl der Streifen auf Eurer Flagge bis zur Anzahl der Knöpfe an den Aufschlägen der Seemannstracht. Haben Sie zufällig eine Dollarnote zur Hand?«

Ich zog einen Schein aus meiner Brieftasche. Dr. Matrix deutete auf die grüne Seite des Dollars mit den beiden Seiten des Großsiegels der Vereinigten Staaten. »Wenn Sie die Stufen der Pyramide zählen«, sagte er, »werden Sie feststellen, daß es genau 13 sind. Das Motto über der Pyramide, *Annuit coeptis,* hat 13 Buchstaben. Der Adler auf der rechten Seite hat ein Band im Schnabel mit dem Motto *E pluribus unum* – ebenfalls 13 Buchstaben. Über dem Kopf des Adlers sind 13 Sterne; im Wappen 13 Streifen. Die linke (von Ihnen aus gesehen die rechte) Klaue des Adlers hält 13 Kriegspfeile, und seine rechte Klaue einen Olivenzweig als Symbol des Friedens mit 13 Blättern. Am Fuß der Pyramide sehen Sie das Datum 1776 in römischen Ziffern. Sieben und sechs ergibt 13. All das hält mich natürlich nicht davon ab, so viele Dollarnoten zu sammeln, wie ich eben nur kann.«

»Mich auch nicht«, pflichtete ich ihm bei. »Und im vergangenen Januar hätte ich eine ganze Menge davon einkassiert,

Vincent Starrett in *Gourmet,* November 1966. Dies war eine von den zahlreichen abergläubischen Angstvorstellungen, von denen Franklin D. Roosevelt heimgesucht wurde. Seine Sekretärin Grace Tully beschreibt in ihrem Buch *F. D. R., My Boss,* daß F. D. R. sie oft in letzter Minute alarmiert habe, an einem Mittag- oder Abendessen teilzunehmen, da die Zahl der Anwesenden durch Absagen oder kurzfristige Umdisponierungen plötzlich dreizehn war. In dem besagten Artikel werden noch andere faszinierende Anekdoten aus der Geschichte zitiert, aber auch geistreiche literarische Beispiele.

wenn ich Ihrem Hinweis gefolgt wäre und auf Kennedys Wahlsieg gesetzt hätte.«
»Ja«, sagte er. »Kennedys doppeltes *n* gab ihm einen enormen Vorteil gegenüber allen anderen Kandidaten, außer Rockefeller. Benutzen wir noch zusätzlich einen alten keltischen Schlüssel, der wohl angemessen ist bei der irischen Abstammung der Kennedys, so sind die Ergebnisse ebenfalls günstig.« Dr. Matrix drückte auf einen Knopf, worauf sich eine Platte an der Wand verschob, die den Blick auf eine große Tafel freigab. Er nahm ein Stück Kreide, ging an die Tafel und schrieb die Zahlen von 0 bis 9 nieder. Unter diese Zahlen setzte er das Alphabet *(siehe Abbildung 3).*

0	1	2	3	4	5	6	7	8	9
A	B	C	D	E	F	G	H	I	J
K	L	M	N	O	P	Q	R	S	T
U	V	W	X	Y	Z				

Abbildung 3. Ein alter keltischer Schlüssel für die Analyse der Namen von Kennedy und Nixon

»Addieren wir die Zahlenwerte von *J. F. Kennedy,*« erklärte er, »so erhalten wir 35, und tatsächlich ist ja der Gewinner dieser Wahl der 35. Präsident der Vereinigten Staaten.«

»Haben Sie das auch mit *R.M. Nixon* ausprobiert?« fragte ich.

»Ja. Das ergibt 30, das traditionelle Symbol der Zeitungsreporter für das Ende einer Story.

Nebenbei möchte ich betonen, daß das doppelte *n* in Kennedys Namen eine gravierende Unterbrechung in der Gesetzmäßigkeit der Doppelbuchstaben markiert. Nach der Untersuchung C.C. Basores vom Mountain Center in Kalifornien gab es in diesem Jahrhundert neun weitere Präsidenten mit Doppelbuchstaben, wobei in allen Fällen entweder *l, o* oder *r* der Buchstabe war. Zählen wir die Ausnahme Dwight Eisenhower auf Grund des ›Double *u*‹ in *w* dazu, so besteht die Reihe der Doppelbuchstaben aus *l, o, r,* und *u.* Beachten Sie, daß diese Buchstaben im Alphabet eine arithmetische Reihe bilden. Sie stehen in regelmäßigen Abständen von jeweils drei Buchstaben. Kennedys Doppel-*n* gehört nicht zu dieser Reihe. Das wird vielleicht dazu beitragen, daß er einer anderen, höchst verhängnisvollen Gesetzmäßigkeit entrinnen kann.

»Ich weiß, worauf Sie anspielen«, sagte ich. »Seit 1840, ein Jahr, dessen Ziffern die Unglückszahl 13 ergeben, ist jeder Präsident, der in einem Jahr, das mit einer Null endet, gewählt wurde, während seiner Amtszeit gestorben.«*

»So ist es«, sagte Dr. Matrix. »Dazu kommt noch eine andere Gesetzmäßigkeit, die besagt, daß in jedem Wahljahr,

* Harrison wurde 1840 gewählt. Er starb einen Monat später. 1850 gab es natürlich keine Wahl. Lincoln, 1860 gewählt, wurde ermordet. Garfield, 1880 gewählt, und McKinley, 1900 gewählt, wurden ebenfalls ermordet. Harding (1920) und Roosevelt (1940) starben beide im Amt. Die einzigen Präsidenten, die vor 1840 in einem Jahr mit endender 0 gewählt wurden, waren Jefferson (1800) und Monroe (1820). Keiner von beiden starb im Amt, aber beide starben sie am Unabhängigkeitstag.

das mit einer Null endet, der Nachname des gewählten Präsidenten zwei- oder dreisilbig ist.«

»Das habe ich auch schon gehört«, sagte ich. »Im *New York Times Magazine* stand letztes Jahr ein Artikel darüber.« Dieser Artikel, »Sibylline Syllables« von Jack Doherty, erschien am 22. Februar 1959 und behandelt orakelhafte Buchstaben.

Dr. Matrix nickte. »Von 1800 bis 1860 war das Silbenschema 3, 2, 3, 2: 1800 Jefferson; 1820 Monroe; 1840 Harrison; 1860 Lincoln. Dann schien sich das Schema umzukehren und wurde zu 2, 3, 2, 3: 1880 Garfield; 1900 McKinley; 1920 Harding; 1940 Roosevelt. Die Vermutung liegt nahe, daß mit dem Jahre 1960 wieder das Originalmuster 3, 2, 3, 2 beginnt. Das würde den dreisilbigen Kennedy favorisieren, vor dem zweisilbigen Nixon, und den viersilbigen Rockefeller völlig ausschließen.«

»Glauben Sie an diese Theorie?«

»Kennedy wird gewinnen«, sagte Dr. Matrix. »Das letzte Silbenschema ist allerdings nicht ganz einwandfrei. F.D.R. hat seinen Namen immer *zwei*silbig betont: *Rose-velt.*«

Nachdem ich alles notiert hatte, stellte ich dem Doktor folgende Frage: »Haben Sie eine Erklärung für Rockefellers berühmten Versprecher, als er Nixon vor dem Republikanischen Konvent als Richard *E.* Nixon vorstellte?«

»Ja, freilich. Versprecher sind selten Zufall. Freud hat sie zu Recht mit unbewußten Hoffnungen und Ängsten in Zusammenhang gebracht, aber er unterschätzte dabei die wichtige Funktion der numerischen und verbalen Struktur.«

»Sie spielen darauf an, daß der Anfangsbuchstabe von Thomas Deweys zweitem Vornamen ein *E* ist?«

»Auch das, aber es steckt noch mehr dahinter.« Dr. Matrix

wandte sich zur Tafel und schrieb die Initialen *R. E. N.*
»Es ist richtig«, fuhr er fort, »daß Rockefeller unbewußt Nixon mit Thomas E. Dewey, dem letzten republikanischen Kandidaten, der bei einer Präsidentenwahl geschlagen wurde, gleichsetzt. Aber geben Sie acht, was passiert, wenn wir Deweys erste und letzte Initiale hinzufügen.« Er setzte ein *T* vor und ein *D* hinter die drei Buchstaben auf der Tafel und kam so zu dem Wort TREND.
»Rockefellers Unbewußtes«, sagte Dr. Matrix, »drückt seine Hoffnung aus, daß der nationale Trend für Nixon dem von Dewey folgen würde. Aber mehr Licht fällt auf seine unbewußte Einstellung, wenn wir die ersten vier Buchstaben von Nixons zweitem Vornamen *Milhous* nehmen und aus dem *M* ein *E* machen.«
Dr. Matrix schrieb *EILH* an die Tafel. »1960 war das Wahljahr, deshalb ist 6 unsere Schlüsselzahl. Der sechste Buchstabe im Alphabet nach *E* ist *K*, der sechste Buchstabe nach *I* ist *O*, der sechste Buchstabe nach *L* ist *R*, und der sechste Buchstabe nach *H* ist *N*.« Während des Sprechens schrieb er über EILH das Wort KORN. »Dieses KORN bedeutet zweierlei«, fuhr er fort. »Zum einen drückt es Rockefellers Einschätzung seiner eigenen Rede aus, die er für kernig hält, andererseits seine geheime Überzeugung, daß Kennedy ein ›*K. O.*‹ *R. N.* gelingen wird.«
»Und Sie sind ernsthaft davon überzeugt, dies alles sei mehr als Zufall?« fragte ich.
»Ja«, antwortete Dr. Matrix ernst. »Es wäre naiv, anzunehmen, es gäbe so etwas wie einen beliebig zusammengewürfelten Haufen von Symbolen. Beliebig heißt ohne Ordnung und Gesetzmäßigkeit. Der Begriff ›beliebig‹ ist ja an und für sich selbst in sich schon widersprüchlich. Sie werden weder eine beliebige Anordnung von Zahlen oder Buch-

staben finden noch eine Wolke ohne Formen und erst recht nicht eine Kultur ohne Tradition. Meiner Meinung nach beinhaltet jedes Symbolschema eine geheime Aussage, wenn auch, zugegebenermaßen, viel Kunstfertigkeit dazu gehört, so etwas zu entdecken. Insbesondere die Todesdaten stehen oft in Zusammenhang mit früheren Lebensdaten; Schiller hat das treffend formuliert: ›Und in dem Heute wandelt schon das Morgen.‹ Dafür gibt es tausend Beispiele. Dickens berichtet in seiner letzten vollendeten Erzählung *Unser gemeinsamer Freund,* wie er bei einem Eisenbahnunglück am 9. Juni mit knapper Not dem Tode entronnen ist. Fünf Jahre später, am 9. Juni, starb Dickens. Ist Ihnen je die Tendenz der wichtigen politischen Ereignisse aufgefallen, sich Daten mit auffälligen Zahlenkombinationen auszusuchen? Das Ende des Ersten Weltkrieges wurde von den Sirenen in der elften Stunde des elften Tages des elften Monats des Jahres 1918 signalisiert. Die Invasion der Alliierten in Frankreich während des Zweiten Weltkrieges begann in der sechsten Stunde des sechsten Tages des sechsten Monats des Jahres 1944. Roosevelt, Churchill und Stalin eröffneten ihre berühmte Konferenz auf Jalta am 3. Februar 1945, ein Datum, das vier Ziffern hat, die aufeinanderfolgen: 2-3-4-5. Westdeutschland wurde am 5. 5. 1955 ein souveräner Staat. Stalin starb am 5. März 1953, ein Datum, das nach amerikanischer Schreibweise spiegelbildlich ist: 3-5-53.«

»Gibt es irgendwelche Datenmuster für 1961?«

»Wie könnte es anders sein. Die zwei auffälligsten Datenmuster sind 1-6-61 und 6-1-61 oder 1. Juni und 6. Januar. Mit großer Wahrscheinlichkeit werden Ereignisse von weltweiter Bedeutung an diesen beiden Tagen stattfinden. Der 8. Februar ist ein weiteres Datum, das Aufmerksamkeit verdient; ausgeschrieben sieht es (nach amerikanischer

Schreibweise) so aus: 2-8-1961. Und 281961 ist das Quadrat von 531, also auch vom 31. Mai. Für diese beiden Tage sehe ich wichtige, eng miteinander verbundene Ereignisse voraus. Das Jahr selbst wird ein großes Durcheinander werden. Wie Sie zweifelsohne schon wissen, ist es das erste Jahr seit 1881, das, auf den Kopf gestellt, sich gleich bleibt. Das nächste Jahr dieser Art wird erst 6009 sein.«

Dr. Matrix wartete, bis ich alles notiert hatte, dann fuhr er fort. »Aber erst in der Welt der Physik finden wir die wirklich interessanten Zahlenmuster. Als Numerologe weiß man, daß es kein Zufall ist, wenn die Sonnenscheibe von der Erde aus gesehen fast identisch ist mit der Größe der Mondscheibe, oder daß der Zeitraum, in dem sich die Sonne um sich selbst dreht, fast genau der gleiche ist, in dem sich der Mond einmal um die Erde dreht. Ist Ihnen jemals aufgefallen, wie seltsam es ist, daß das Jahr 365 Tage hat?«

Ich schüttelte den Kopf.

»Es ist ein wirklich wunderbarer Fall von göttlicher Harmonie – die Harmonie, welche Kepler so klar erkannt hat, die aber von späteren Astronomen bedauerlicherweise verleugnet wurde. Dreihundertfünfundsechzig ist nicht nur die Summe von 10 Quadrat plus 11 Quadrat plus 12 Quadrat; sondern auch die Summe von 13 Quadrat plus 14 Quadrat. Wir können das so schreiben.«

Er schrieb an die Tafel:

$$10^2+11^2+12^2=13^2+14^2=365$$

»Diese Gleichung ist das zweite Beispiel einer unendlichen Folge. Allgemein bekannt ist das erste Beispiel – 3 Quadrat plus 4 Quadrat gleich 5 Quadrat –, in dem die ganzen Zahlen in aufeinanderfolgender Anordnung stehen, zwei Glieder auf der linken und ein Glied auf der rechten Seite der Gleichung. Das Beispiel an der Tafel hat drei Glieder auf der linken und zwei auf der rechten Seite. Das dritte Beispiel mit vier Gliedern auf der linken Seite und drei auf der rechten lautet« – und er schrieb an die Tafel:

$$21^2 + 22^2 + 23^2 + 24^2 = 25^2 + 26^2 + 27^2$$

»Vielleicht fragen Sie ihre Leser, ob sie das vierte Beispiel herausfinden können. Es hat fünf Glieder auf der linken Seite und vier auf der rechten. Vielleicht gelingt es dem einen oder anderen auch noch, eine einfache Formel aufzustellen, mit der alle weiteren Beispiele dieser Art ausfindig gemacht werden können.«

Dr. Matrix machte eine Pause, bis ich alles notiert hatte, dann fragte er: »Ist Ihnen Arthur Stanley Eddingtons Arbeit über die sogenannte Feinstrukturkonstante bekannt?«*

»Vage. Die Zahl ist 137, nicht wahr? Wenn ich mich recht erinnere, lieferte Eddington eine kluge Beweisführung, ganz ohne experimentelle Versuche. Kam er nicht zunächst auf 136?«

Dr. Matrix nickte. »Mit einer komplizierten mathematischen Erklärung hat er diese Korrektur auf 137 begründet. Stanley war einer meiner hervorragendsten Schüler. Die

* Einen amüsanten Bericht zahlenmystischer Spekulationen über die noch unerklärte Feinstrukturkonstante, in dem auch Eddingtons »tapferer Versuch«, sie von einer quadratischen Matrix mit einer Seite von sechzehn Feldern abzuleiten, behandelt wird, finden Sie bei George Gamow, *Biography of Physics* (Harper Torchbook, 1964), Seite 324 bis 329. Dr. Matrix machte mich auf die seltame palindrome Symmetrie der sechs Zahlen aufmerksam, die sich ständig zwischen zwei Nullen wiederholen, in der Zahlenfolge 0,0072992700729927007299 2700 . . ., dem Dezimalbruch von 1/137.

Wahrheit ist, daß wir diese Korrektur zusammen bei einer Flasche griechischen Weins ausgearbeitet haben. Wir nahmen Eddingtons Geburtstag, 1882, multiplizierten die Ziffern miteinander und erhielten 128, dann addierten wir neun hinzu, die Anzahl der Buchstaben von Eddingtons Namen.«

»Nicht zu fassen«, kicherte ich. »Sagen Sie, haben Sie noch andere interessante numerologische Denkaufgaben, die meinen Lesern gefallen könnten?«

Dr. Matrix kratzte seine große Nase. »Ja, ich habe da ein ungewöhnliches Problem, auf das mein Freund Dennis Sciama, der Kosmologe an der Cornell Universität, mich kürzlich aufmerksam gemacht hat. Angenommen, wir sollen eine Reihe bilden, die nur aus den Ziffern 1 und 2 bestehen darf. Wie lang kann diese Reihe werden, ohne daß dabei identische Zahlenkombinationen nebeneinanderstehen? Wir dürfen zum Beispiel nicht 11 oder 22 schreiben, denn dabei würden wir ja jeweils das Muster einer einstelligen Zahl wiederholen. Wir können aber 12 schreiben. Die nächste Zahl muß dann 1 sein, aber dann stocken wir auch schon. Wir dürfen die 1 nicht wiederholen, aber auch die 2 nicht anfügen, denn das wäre eine Wiederholung des zweistelligen Musters 12.«

»Mit anderen Worten«, sagte ich, »die längste Reihe, die mit zwei Symbolen gebildet werden kann, ohne daß zwei gleiche Muster aufeinanderfolgen, besteht aus drei Gliedern.«

»Korrekt. Das Problem ist nun folgendes. Wie heißt die längste Reihe, die mit drei Symbolen gebildet werden kann? Wir können beispielsweise nicht 132132 schreiben, denn das wäre eine Wiederholung des Musters 132. Wir können aber 1323132 schreiben, da jetzt die zwei Muster 132 voneinander getrennt stehen. Gibt es für eine Reihe, die nach diesem Schema gebildet wird, ein Ende?«

Beim Hinausgehen plauderte ich noch ein wenig mit Miss Toshiyori. »Ich bleibe wohl noch ein paar Tage in Los Angeles«, sagte ich ihr. »Darf ich hoffen, daß Sie morgen Abend mit mir essen gehen werden?«

Sie hörte mit dem Tippen auf und lächelte. »Warum rufen Sie mich nicht heute Abend zu Hause an? Meine Nummer ist . . .«

Ich zückte Bleistift und Notizblock, notierte die zwei Buchstaben, die sie mir nannte und wartete.

»Die Nummer hat fünf Ziffern«, sagte sie. »Stellen Sie eine 4 davor, so erhalten Sie eine Zahl, die genau viermal so groß ist wie die Zahl, die Sie erhalten, wenn Sie die 4 nicht vor, sondern hinter die Zahl setzen.«

Ich schaute ziemlich bestürzt drein. »Wollen Sie etwa damit sagen, daß ich das erst lösen muß, bevor ich Sie anrufen kann?«

Sie nickte und tippte lächelnd weiter. Ich habe die richtige Lösung gefunden. Aber der Leser hat damit vielleicht weniger Schwierigkeiten, als ich sie hatte.

KAPITEL III

Dr. Matrix in Sing-Sing

Als ich Dr. Matrix im Dezember 1960 besuchte, hat er mich auf das Datenmuster 6-1-61 (6. Januar oder 1. Juni 1961) des Jahres 1961 aufmerksam gemacht und vorausgesagt, daß an diesen Tagen Ereignisse von weltweiter Bedeutung stattfinden würden. Zu meiner großen Enttäuschung passierte an den Tagen, die der Doktor mir genannt hatte, absolut nichts Welterschütterndes. Ich schrieb ihm im Juni, als auch der letzte dieser Tage ereignislos verstrichen war, und bat ihn um eine Erklärung für seine auffälligen Fehldiagnosen. Der Brief kam mit dem Vermerk »Unbekannt verzogen« zurück. Alle meine Bemühungen, ihn ausfindig zu machen, blieben erfolglos.

Dann, Ende 1962, an meinem Geburtstag (am 21. Oktober), erhielt ich eine Postkarte von ihm. »Mögen die Parzen Ihnen an Ihrem 16/33 Geburtstag gewogen sein.« Zunächst wußte ich nicht, was das heißen sollte, aber als ich 16 durch 33 teilte, kam ich zu dem Ergebnis, daß der Quotient ein Dezimalbruch war, der mein Alter endlos wiederholt. (Ahnt der Leser, wie man zu einem solchen Bruch kommt? Frage: Wie heißt der kleinste Quotient, der als Dezimalbruch endlos die 27 wiederholt?)

Die Karte trug keinen Absender, aber ich war überrascht, als ich sah, daß sie in Ossining abgestempelt war, einer Stadt am Ostufer des Hudson, etwa zehn Meilen nördlich von Dobbs Ferry, jener Stadt, in der ich damals lebte. Ich blätterte aufgeregt im Telefonbuch von Westchester County.

Aber kein Dr. Matrix. Dann versuchte ich es unter Toshiyori. Und wirklich, da stand sie! Einen Moment später hatte ich sie am Apparat.

Es war eine traurige Geschichte, die sie mir erzählte. Nach den falschen Voraussagen ging die Praxis des Doktors so sehr zurück, daß er immer mehr in Schulden versank. In seiner Verzweiflung beging er die Torheit, Zwanzig-Dollar-Noten herzustellen.

Seine Methode war phantastisch und doch erstaunlich einfach. Mit einem Papiermesser schnitt er vierzehn Banknoten in je zwei Teile. Dabei benutzte er Schablonen, wie sie auf der linken Seite von Abbildung 4 dargestellt sind. Er schnitt jedesmal sorgfältig genau entlang der gestrichelten senkrechten Linie. Den rechten Abschnitt der ersten Banknote klebte er dann an den linken Abschnitt der zweiten Banknote und so weiter. Dabei verlor jede Banknote natürlich etwas an Länge. Das Ergebnis: fünfzehn Banknoten! Allerdings war jede nur 14 Fünfzehntel so lang wie eine Originalbanknote, und außer der ersten und der letzten setzten sich alle aus zwei Hälften zusammen, nach dem Schema, das auf der rechten Seite der Abbildung 4 mit den durchgehenden senkrechten Strichen zu sehen ist. Nun, das kleinere Format war kaum wahrnehmbar und die sorgfältig aneinandergeklebten Kanten bildeten nur eine hauchdünne Linie.

Unglücklicher- oder vielmehr glücklicherweise druckt die Regierung der Vereinigten Staaten die Seriennummern auf den Banknoten immer doppelt, und zwar jeweils in die diagonal gegenüberliegenden Ecken. Die Folge davon ist natürlich, daß die meisten der neuen Banknoten des erfindungsreichen Doktors Seriennummern trugen, die nicht zusammenpaßten. Freilich, die von Dr. Matrix praktizierte Methode zur Herstellung neuer Banknoten kann man ei-

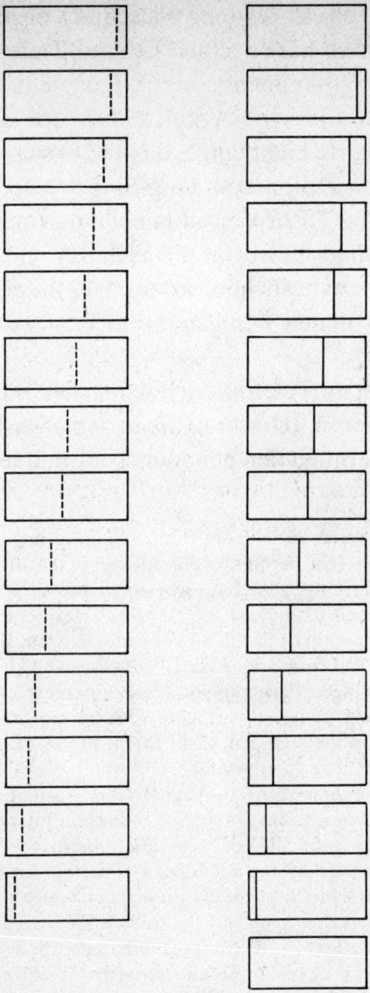

Abbildung 4. Aus vierzehn Scheinen (links) werden fünfzehn (rechts). Jeder Schein wird um ein Fünfzehntel seiner Länge kürzer

gentlich nicht direkt als eine Fälschung bezeichnen, denn genau genommen hat er schließlich nur Teile von Originalbanknoten neu zusammengesetzt.* Trotzdem, das Finanzministerium hatte für seine Arbeit überhaupt kein Verständnis, und es dauerte nicht lange, da fand er sich eingesperrt in die Matrix der Zellen von Sing-Sing wieder. Das Urteil: Fünf Jahre. Miss Toshiyori nahm ein Apartment im nahegelegenen Ossining. Es wurde ihr gestattet, Dr. Matrix zweimal die Woche zu besuchen, wodurch es ihr gelang, die Praxis des Numerologen wenigstens per Post weiter zu betreiben.

»Ja«, sagte sie am Telefon, »ich kann sicherlich ein Treffen für Sie arrangieren. Ich werde Sie in den nächsten Tagen zurückrufen und Ihnen den genauen Termin durchgeben.«

* Diese etwas seltsame Technik der Banknotenfälschung ist schon ziemlich alt. Sam Loyd, der sein berühmtes Paradoxon »Get off the Earth« nach demselben Prinzip aufgebaut hat, schrieb in seiner Rätselkolumne im *Brooklyn Daily Eagle* (3. Januar 1897): »Der Trick des Fälschers, sukzessive zwölf Banknoten in dreizehn zu verwandeln, steht in engem Zusammenhang mit der Auflösung der Erde . . .« Dieses Delikt wird schon lange nach den einschlägigen Paragraphen der Bundesgesetzgebung geahndet (obwohl Dr. Matrix unverantwortlicherweise in ein Staatsgefängnis gesperrt wurde), und die wenigen Verrückten, die es dennoch versuchen, werden leicht und sehr schnell gefaßt.

Im *Des Moines Register* vom 20. August 1963 wurde berichtet, daß ein achtzehnjähriger Bursche aus Davenport, der mein Interview mit Dr. Matrix in der Januarausgabe 1963 des *Scientific American* gelesen hatte, diese Methode der Geldbeschaffung auf äußerst einfältige Art und Weise nachgeahmt hat, da er seine Studiengebühren fürs College wohl anders nicht zahlen konnte. Nachdem eine seiner falschen Zwanzig-Dollar-Noten einem Drugstore-Kassierer in Davenport aufgefallen war, hatte die Polizei wenig Mühe, ihren Weg bis zur Quelle zurückzuverfolgen, um die Verhaftung vorzunehmen.

Eine Auswahl geometrischer Paradoxa, die mit dieser Methode von Banknotenfälschung zu tun haben, findet sich in den Kapiteln 7 und 8 meines Buches *Mathematics, Magic and Mystery* (Dover 1956).

Es war ein sonniger Winternachmittag – keine Wolke am Himmel –, als ich nach Ossining fuhr und die abschüssigen Straßen zum Ufer des Tappan-Sees hinunterkurvte. Hinter den düsteren grauen Mauern von Sing-Sing kräuselten sich die blauen Fluten des Hudson verführerisch im Sonnenlicht.

Miss Toshiyori, so rätselhaft und schön wie je, wartete schon in einem der Besuchszimmer. Die äußeren Bedingungen unseres Treffens schienen sie nicht zu berühren. Durch ein Gitter neben ihrem Stuhl erkannte ich die Hakennase und die grünen blitzenden Augen ihres Meisters.

Dr. Matrix machte einen etwas müden und ernsten Eindruck, seine Stimme aber war wie stets voller Herzlichkeit. »Ich fürchte, 1963 ist eine hoffnungslos langweilige Zahl«, sagte er. »Rückwärts gelesen heißt sie 3691 und ist eine Primzahl, aber das ist die Umkehrung von 1964 ja auch. Zu schade, daß wir uns im letzten Januar nicht getroffen haben. Ich hätte Ihnen zum Beispiel erzählen können, daß 987 plus 654 plus 321 genau 1962 ergibt.«

»Was für ein erstaunlicher Zufall!« rief ich. »Die neun Zahlen stehen genau in einer abnehmenden Reihenfolge!«*

Dr. Matrix schüttelte den Kopf. »Solche Dinge sind niemals Zufall. Sie sind Teil der wunderbaren Ordnung, in der beide, Mathematik und Geschichte, eingebettet liegen. Das vergangene Jahr war ein Jahr des großen Countdown. Nie zuvor in der Geschichte der Menschheit wurden so viele Riesenraketen mit der Begleitmusik so vieler rückwärts gezählter Zahlen in die Luft geschossen.«

Er wartete, bis ich seine Bemerkungen notiert hatte. »Ist Ih-

* Diese Entdeckung machte Charles Trigg; sie wurde im *Recreational Mathematics Magazine* vom April 1962 auf Seite 33, veröffentlicht.

nen jemals aufgefallen, daß 12 gleich 3 mal 4 und 56 gleich 7 mal 8 ist?«
Ich überlegte, bis mir endlich ein Licht aufging: Dr. Matrix hatte in seiner Bemerkung die ersten acht Zahlen in zunehmender Anordnung zitiert.*
»Meine Gefangenennummer ist auch ganz interessant«, fuhr er fort. »54748, eine Nummer aus fünf Ziffern. Addieren Sie die fünfte Potenz jeder Ziffer ($5^5 + 4^5 + 7^5 + 4^5 + 8^5$), so ist die Summe 54748. Ich halte das für ein gutes Omen.«
»Gibt es viele solcher Zahlen?«
»Nein, nur sehr wenige. Die kleinste ist 153. Sie besteht aus drei Ziffern, also erheben wir in diesem Fall jede Ziffer zur dritten Potenz. Addieren Sie die Potenzen, so erhalten Sie wieder 153. Nicht zufällig wird im letzten Kapitel des Johannesevangeliums, Vers 11, berichtet, daß in dem Netz, das Simon Petrus aus dem See von Tiberias zog, 153 Fische waren. Diese Zahl verfügt über erhebliche mystische Qualitäten.« (Später habe ich erfahren, daß es nur noch drei andere Zahlen gibt, die identisch sind mit der Summe der dritten Potenz ihrer Ziffern. Sie sind alle dreistellig. Wird der Leser sie herausfinden?)
»Ich glaube mich zu erinnern«, sagte ich, »daß es beim Heiligen Augustinus eine Stelle gibt, wo er eine sorgfältig aus-

* Diese Kuriosität ist in einem Artikel nachzulesen, den Everett W. Comstock im *Recreational Mathematic Magazine* vom April 1962 auf Seite 36 veröffentlicht hat. Es gibt keine andere Sequenz von vier aufeinanderfolgenden Zahlen, deren zwei erste Ziffern, in der richtigen Reihenfolge gelesen, die Summe der beiden zweiten Ziffern bilden. Muß nur jedes Zahlenpaar in sich fortlaufend sein, so gibt es viele Gleichungen, wie zum Beispiel $6162 = 78 \times 79$. Weitere Gleichungen dieser Art stehen in der Anmerkung von J. A. Lindon in der Oktober-Ausgabe 1962 desselben Magazins auf Seite 35.

gearbeitete zahlenmystische Analyse über die Bedeutung dieser 153 als Anzahl der Fische vorstellt.«

»Ja, Augustinus ging von der 10 aus, der Anzahl der Gebote und dem Symbol für das Alte Testament. Dazu addierte er 7 als Zahl der Gaben des Heiligen Geistes und Symbol für das Neue Testament. Die daraus resultierende Zahl, 17, stellt die Verbindung zwischen dem Alten und dem Neuen dar. Dann zählte er die Zahlen von 1 bis 17 zusammen und erhielt 153. Eine etwas primitive Zahlenmystik, möchte ich meinen, aber er verfügte damals noch nicht über die Methoden und Techniken der heutigen Numerologie.«*

»Was ist nun mit Ihrer Zellennummer?« fragte ich.

Dr. Matrix lächelte. »Sie ist zweistellig. Mit einem Dezimalstrich dazwischen erhalten Sie als neue Zahl den Durchschnittswert der Summe beider Ziffern. Ich bin sicher, daß Ihre Leser nun mit Leichtigkeit die Nummer meiner Zelle bestimmen können. Eine weitere reizvolle Aufgabe wäre auch die Berechnung der Fläche meines Zellenbodens. Er ist rechteckig, nicht quadratisch. Eines Tages habe ich ihn

* Eine bemerkenswerte Eigenschaft der Zahl 153 wurde von Phil Kohn in Yokneam (Israel) entdeckt. Thomas H. O'Beirne hat darüber berichtet in seiner Kolumne »Puzzles and Paradoxes«, im *New Scientist* vom 21. Dezember 1961. Man nimmt eine beliebige Zahl, die ein Vielfaches von drei ist, addiert die dritte Potenz ihrer Ziffern und erhält eine zweite Zahl. Der Rechenvorgang wird so oft wiederholt, bis man nach einer begrenzten Anzahl von Rechenschritten auf die Endsumme 153 stößt. O'Beirne gibt dafür ein Beispiel. Es ist vielleicht auch von Interesse, zu wissen, daß $153 = 1! + 2! + 3! + 4! + 5!$ ist.
Wenn Sie nicht von einem Vielfachen der drei, sondern von irgendeiner natürlichen Zahl ausgehen und die dritten Potenzen der Ziffern addieren, so treffen Sie möglicherweise auf eine dieser Endzahlen: 1, 370, 371, 407, oder auf einen der sich wiederholenden Zyklen: 55-250-133, 160-217-352, 136-244, 919-1459. Vergleichen Sie dazu »Problem E1810« im *American Mathematical Monthly* vom Januar 1967, Seite 87–88, und die dort angegebenen Hinweise.

ausgemessen und festgestellt, daß Länge und Breite in Metern gemessen jeweils eine ganze Zahl ergeben. Dabei stellte sich heraus, daß der Umfang in Metern genau dieselbe Zahl ergibt wie die Fläche in Quadratmetern.«
»Vorzüglich«, sagte ich. »Ich werde meinen Lesern beide Aufgaben stellen.«
»Wir leben in gefährlichen Zeiten«, fuhr Dr. Matrix fort, »Zeiten, welche große Weisheit von unseren Führern verlangen. Übrigens, finden Sie es nicht seltsam, daß zwei der führenden Philosophen Englands den Namen *Wisdom* (Weisheit) tragen: John Oulton Wisdom und Arthur John Terence Dibben Wisdom?«
»Ich habe gehört, es sind Cousins«, sagte ich.
»Es beruhigt mich, das zu hören«, erwiderte Dr. Matrix. »Das läßt das Ganze weniger unheimlich erscheinen. Haben Sie etwas von Franz Kafka gelesen? Wir sind alle gefangen, wissen Sie, in einem Wahnsinnslabyrinth, wie der Protagonist K. in Kafkas Roman *Das Schloß*. Der Buchstabe *K* ist in meinen Augen eines der großen prophetischen Symbole in der modernen Literatur. Es ist der elfte Buchstabe des Alphabets, ein Symbol der elften Stunde der Welt. Wie heißen die Führer der beiden Riesennationen, die sich im Augenblick an allen Ecken und Enden des Planeten finster gegenüberstehen und beobachten?«
Ich muß gestehen, daß es mir kalt den Rücken runterlief, als ich begriff, daß die beiden Namen, *Kennedy* und *Khrushchev,* mit einem *K* anfangen.
»Wir leben heute«, sprach Dr. Matrix müde, »im Schatten der H-Bombe. Aus dem Zeitalter der Fission, der Atomkernspaltung, wurde das Zeitalter der Fusion, der Verschmelzung. Für den Zahlenmystiker ist ›Fusion‹ ein Wort von gravierender Bedeutung.«

»Wieso das?«
»Sie erinnern sich gewiß an mein Kreisalphabet?« Er bat um meinen Bleistift und ein Blatt Papier. Auf das Papier skizzierte er die Buchstaben des Alphabets in Kreisform *(siehe Abbildung 1)*, das *Z* mit dem *A* verbunden, wie eine Schlange, die sich in den Schwanz beißt, das alte Symbol für den ewigen Kreislauf. »*Fusion* hat sechs Buchstaben«, sagte er. »Wir zählen nun von *F* aus im Uhrzeigersinn sechs Buchstaben weiter, immer den Kreis entlang. Wir enden bei *L*, dem ersten Buchstaben des von uns gesuchten neuen Wortes. Wir wiederholen dies mit *U* und erhalten *A*, den zweiten Buchstaben des neuen Wortes.«
Er wiederholte dies mit den übrigen Buchstaben. Am Ende wurde aus dem Wort *Fusion* das neue Wort *Layout*. »Sie sehen«, sagte er gequält lächelnd, »mit Hilfe der 6 wird das Wort *Fusion* unerbittlich zum verhängnisvollen Hinweis auf das ihm innewohnende Vermögen, unsere Zivilisation zu zerstören.«
»Die Welt wurde in sechs Tagen geschaffen«, bemerkte ich. »Führte nicht der Heilige Augustinus den Beweis, Gott habe diese Zahl gewählt, weil es die erste der sogenannten perfekten Zahlen ist?« (Eine perfekte Zahl ist eine Zahl, die gleich der Summe ihrer Divisoren ist: z.B. $6 = 1 + 2 + 3$.)
Dr. Matrix nickte. »Aber die 6 ist auch der Baustein von 666, dem Zeichen des Tieres. Die Welt kann heute in sechs Minuten vernichtet werden.«
»Sie scheinen sich für Buchstaben ebenso stark wie für die Zahlen zu interessieren«, versuchte ich, das Thema zu wechseln. »Meine Leser haben es hin und wieder ganz gern, wenn sie Buchstabenrätsel und Wortspiele lösen müssen. Können Sie mir nicht eine ausgeklügelte Aufgabe mit auf den Weg geben?«

Dr. Matrix legte seine Fingerspitzen aneinander, lehnte sich zurück und schloß die Augen.

»Hm, mal sehn. O ja, da fällt mir ein amüsantes Anagramm ein, das zweifelsohne für viele Ihrer Leser ein harter Brokken sein wird. Die Buchstaben des Wortes *chesty* sollen durch einfaches Umstellen ein neues englisches Wort ergeben. Es ist allerdings nicht leicht.«

»Ein bekanntes Wort?«

»Ja, sicher. Ein Wort, das sehr beziehungsreich ist zu Anfang eines neuen Jahres . . .«

Als ich Dr. Matrix nach seinem Leben im Gefängnis fragte, verzog er sein Gesicht. »Vielleicht wissen Sie, daß der Name Sing-Sing vom alten Stammesnamen der Sint-Sink-Indianer abgeleitet wurde. Wir sind hier alle schon sehr *sin sick,* der Sünden voll und krank. Aber ich werde ganz anständig behandelt, das muß ich schon sagen. Ich arbeite zeitweise in der Gefängnisbibliothek. Das Dach des Freizeitraums leckt zwar und droht einzustürzen, aber wir haben es immerhin schon geschafft, einen der Stützbalken ordentlich abzustützen. Und auch das Essen könnte schlechter sein. Allerdings, die vielen Bohnen . . . ich esse sie natürlich nie.«

Diese Bemerkung verstand ich nicht auf Anhieb, doch dann erinnerte ich mich, daß bei den alten Pythagoreern das Bohnenessen verboten war. »Sie betrachten sich selbst als ein Mitglied der pythagoreischen Bruderschaft?«

»Mein lieber Gardner«, entgegnete der Doktor, wobei er noch aufrechter als gewöhnlich auf seinem Stuhl saß«, ich *bin* Pythagoras. Ich bin seine elfte Inkarnation.«

Verstohlen wechselte ich einen Blick mit Miss Toshiyori, die unsere Unterhaltung schweigend verfolgt hatte. »Ich vermute«, sagte ich, »als nächstes erzählen Sie mir auch noch, daß Sie wie Pythagoras eine goldene Lende besitzen?«

Dr. Matrix antwortete nicht. Dafür pochte er mit dem Ende meines Druckbleistiftes auf seinen Oberschenkel, der einen hellen metallischen Klang von sich gab!
Als ich mit Miss Toshiyori durch das Haupttor des Gefängnisses ging, fragte ich sie: »Glaubt Dr. Matrix wirklich, er sei eine Reinkarnation des Pythagoras?«
»Lieber Himmel, nein«, sagte sie lachend. »Aber der alte Schlawiner will die Maske nicht fallen lassen. Wie sagen die Leute im Showbusiness? The Show must go on. Er steht immer im Rampenlicht. Das ist nun mal eine Partie seines Lebens.«
»Sie sind wirklich sehr loyal.«
»Er ist schließlich mein Vater.«
Ich zog die Augenbrauen hoch. »Und Ihre Mutter?«
Sie hakte sich bei mir unter. »Sie war Japanerin. Sie haben sich in Tokio kennengelernt.« Plötzlich strahlten ihre dunklen Augen. »Wissen Sie was, ich kenne da eine altmodische Cocktailstube, ein paar Meilen von hier, in Tarrytown. Wenn Sie mir einen Brandy spendieren, erzähle ich Ihnen alles.«
Ihre Geschichte werde ich vielleicht später einmal aufschreiben. Heute möchte ich nur eine sehr verwirrende Antwort erwähnen, die sie mir damals gab. Sie enthält ein kleines mathematisches Problem, und mit dieser Aufgabe an den Leser werde ich dieses Kapitel beenden.
Als ich sie nach ihrem Alter fragte, lächelte Iva nur und sagte geheimnisvoll: »Vorgestern war ich 22, aber nächstes Jahr werde ich 25.«
Ist der geneigte Leser in der Lage, das Geburtsdatum von Miss Toshiyori sowie das Datum, an dem unser Gespräch stattgefunden hat, zu bestimmen?

KAPITEL IV

Lincoln und Kennedy: Ein Brief von Dr. Matrix

Hätte Dr. Matrix die volle Zeit seiner Strafe in Sing-Sing absitzen müssen, so wäre er erst 1966 entlassen worden. Wegen guter Führung und als Belohnung für gelegentliche kryptographische Dienste, die er dem State Department erwiesen hat, wurde er jedoch im Herbst 1963 begnadigt. Washington lehnte es zwar ab, Einzelheiten über seine kryptographische Arbeit bekanntzugeben, doch ich vermute, daß es des Doktors umfassende Kenntnisse der modernen orientalischen Sprachen waren, die man in Anspruch nahm.

Am 20. November erhielt ich von Iva einen Brief, in dem sie mir mitteilte, daß ihr Vater vor ein paar Monaten entlassen worden sei. Sie lebten beide im Norden von Chicago, in dem Hotel Berkshire, das sich in der East Ohio Street befindet. Der alte Gauner, der es offenbar nicht schaffte, sich eine gewinnträchtige Klientel als selbständig praktizierender Numerologe zu erhalten, trug sich ernsthaft mit dem Gedanken, ins Showbusiness einzusteigen. In seiner Jugend, so erfuhr ich von Iva, hatte er in Tokio professionell als Magier und Gedankenleser gearbeitet. Zur Zeit bereitete er nun eine außergewöhnliche Nummer fürs Varieté vor, in welcher er Zahlenmystik mit Gedankenlesen und Wahrsagen kombinieren wollte. Sie versprach mir für die nächste Zeit einen Bericht, wie sich dieser Plan entwickeln werde.

Am 22. November wurde der Präsident der Vereinigten Staaten ermordet.

Eine Woche später erhielt ich von Dr. Matrix einen bemerkenswerten Brief. Zwar habe ich diesen Brief nicht der Presse zugespielt, aber es muß wohl ein Fehler gewesen sein, daß ich einige Kopien davon an Freunde verschickt habe. Denn im Frühjahr 1964 kursierten auf einmal Teile des Briefes, in Abschriften oder Fotokopien, unter den Redakteuren der großen Zeitungen in Manhattan, Washington und anderswo. Diese Auszüge wurden bald darauf, zuerst in *Newsweek* (10. August), dann in der *Times* (21. August) veröffentlicht. Dabei wurden freilich die Thesen des Doktors arg verstümmelt oder gar falsch zitiert. Aus diesem Grunde habe ich mich nun entschlossen, den gesamten Wortlaut des Briefes nach dem Original, das ich von Dr. Matrix erhalten habe, zum erstenmal der interessierten Öffentlichkeit zu unterbreiten:

Lieber Martin Gardner:
Der Tod von Abraham Lincoln und der Tod von John Fitzgerald Kennedy haben in der an Dramatik und Tragik so reichen Geschichte der amerikanischen Politik nicht ihresgleichen. Daß beide Ereignisse, in denen schnöde Infamie am Werke war, sich durchaus wegen ihrer ebenso vielfältigen wie Erstaunen weckenden Parallelen zahlenmystischer Natur vergleichen lassen, möchte ich Ihnen nicht vorenthalten. Sie können von der folgenden Analyse nach Gutdünken Gebrauch machen, aber ich bitte um Diskretion.

1. Lincoln wurde 1860 zum Präsidenten gewählt. Genau hundert Jahre später, 1960, wurde Kennedy zum Präsidenten gewählt.
2. Beide Männer kämpften engagiert für die Rechte der Schwarzen.

3. Beide Männer wurden an einem Freitag ermordet, in Gegenwart ihrer Ehefrauen.
4. Beide Ehefrauen haben während ihrer Zeit im Weißen Haus einen Sohn verloren.
5. Beide Männer wurden von einem Geschoß getötet, das von hinten den Schädel durchbohrte.
6. Lincoln wurde im Ford Theater getötet. Kennedy ereilte der Tod im offenen Lincoln-Kabriolett, das von der Ford Motor Company hergestellt wurde.
7. Zum Nachfolger beider Männer wurden die jeweiligen Vizepräsidenten namens Johnson bestellt, Südstaaten-Demokraten und ehemalige Senatoren.
8. Andrew Johnson wurde 1808 geboren. Lyndon Johnson wurde 1908 geboren, genau einhundert Jahre später.
9. Der Vorname von Lincolns Privatsekretär war John, der Nachnahme von Kennedys Privatsekretär war Lincoln.*
10. John Wilkes Booth wurde 1839 geboren. Lee Harvey Oswald wurde 1939 geboren, hundert Jahre später.**
11. Beide Mörder waren Südstaatler mit extremistischen Ansichten.
12. Beide Mörder wurden, noch bevor sie vor Gericht gestellt werden konnten, umgebracht.
13. Booth erschoß Lincoln in einem Theater und floh in

* In den Auszügen der unautorisierten Veröffentlichungen ist dieser Punkt aus dem Brief von Dr. Matrix nicht korrekt zitiert worden. Der Nachname des Privatsekretärs von Lincoln war nicht, wie dort behauptet wurde, Kennedy, sondern er hieß John Nicolay. (M. G.)

** In der Zwischenzeit habe ich erfahren, daß es hinsichtlich des Geburtsdatums von Booth widersprüchliche Angaben gibt. In den neuesten Studien wird das Datum mit 1838 angegeben, es ist allem Anschein nach auch das richtige. Immerhin wird 1839 als Datum selbst von solchen Standardwer-

eine Scheune.* Oswald erschoß Kennedy von einem Speicher aus und floh in ein Theater.

14. *Lincoln* und *Kennedy* – jeder dieser Namen hat sieben Buchstaben.

15. *Andrew Johnson* und *Lyndon Johnson* – jeder dieser Namen hat dreizehn Buchstaben.

16. *John Wilkes Booth* und *Lee Harvey Oswald* – jeder dieser Namen hat fünfzehn Buchstaben.

Zwei Institutionen, das Federal Bureau of Investigation (FBI) und der Secret Service, wären an diesem verhängnisvollen Tag wohl wachsamer gewesen, wenn sie von den prophetischen Aussagen der Zahlenmystik eine Ahnung hätten.

Die Ziffern der Zahlen 22/11 (22. November) ergeben zusammengezählt 6, und *Friday* (Freitag) hat sechs Buchstaben. Nehmen Sie die Buchstaben *FBI*, verschieben Sie sie je um sechs Buchstaben weiter im Alphabet, und Sie erhalten *LHO*, die Initialen von Lee Harvey Oswald. Natürlich war er beim FBI kein Unbekannter. Darüber hinaus hat *Oswald* sechs Buchstaben. Oswald schoß aus dem sechsten Stock des Gebäudes, in dem er gearbeitet hat. Beachten Sie außerdem, daß die dreistellige Verschiebung von *FBI* zu *LHO* durch die Zahl 666 ausgedrückt werden kann, der berüchtigten Zahl des Tieres.

Der Secret Service, eine Abteilung des Finanzministeriums, hätte ebenfalls wachsamer sein sollen. Zwei Wochen vor der Ermordnung des Präsidenten gab das Fi-

ken wie *Chambers Biographical Dictionary* (Auflage 1962) und Funk & Wagnalls *New Standard Dictionary of the English Language* (Auflage 1945) angegeben. (M. G.)

* In den meisten Kopien des Briefes von Dr. Matrix wurde die Scheune als Speicher bezeichnet. (M. G.)

nanzministerium eine neue Serie von Dollarnoten heraus, ein Exemplar davon lege ich bei. (Dr. Matrix hatte eine Dollarnote an seinen Brief geheftet. *Siehe Abbildung 5.*)

Abbildung 5. Die »Kennedy-Ermordung-Dollarnote«

Wie Sie sehen, ist diese Serie auf der linken Seite durch den Buchstaben *K* gekennzeichnet. Als vor einem halben Jahrhundert, 1913, die einzelnen staatlichen Bankdistrikte bezeichnet wurden, bekam Dallas den Buchstaben K zugeteilt, den elften Buchstaben des Alphabets. Aus diesem Grund erscheint »Dallas, Texas« der Ort, an dem Kennedy ermordet wurde, unter dem »K«. *Dallas, Texas,* hat elf Buchstaben. *John Kennedy* hat ebenfalls elf Buchstaben.

Die Seriennummer auf diesem Schein beginnt, wie auf allen K-Scheinen, mit K und endet mit A – »Kennedy Assassination« (Kennedy Ermordung). Unter der Seriennummer recht steht »Washington, D. C.«, der Ausgangspunkt der verhängnisvollen Reise des Präsidenten.

Sowohl unter der Seriennummer rechts als auch über und unter der Seriennummer links steht jeweils die *11*. Elf ist natürlich das Zeichen für den Monat November. Zweimal die *11* ergibt 22, das Datum vom Tag der Ermordung. Rechts vom Porträt Washingtons steht »Series 1963 A«, womit auch noch das Jahr der Ermordung angezeigt wird.

»Aber du hast alles geordnet, mit Maß, Zahl und Gewicht.« – Die Weisheit Salomons, *Altes Testament, Apokryphen,* Kapitel 11, Vers 20.

Ihr ergebener Diener,
(gezeichnet) *Irving J. Matrix*

KAPITEL V

Dr. Matrix in Chicago

Anfang Dezember 1963 erhielt ich von Iva eine Postkarte mit der Mitteilung, daß ihr Vater ein Engagement beim Purple Hat Club angenommen habe und sein Gastspiel als numerologischer Gedankenleser am Samstagabend, dem 14. Dezember, beginnen wird. Ich telegraphierte sofort zurück, daß es mir zwar unmöglich sein werde, der Premiere beizuwohnen, aber am folgenden Mittwoch, dem 18. Dezember, würde ich in Chicago sein.

Der Purple Hat ist ein bekanntes Cabaret in der Rush Street im nördlichen Bezirk von Chicago. Man kann die Show von der Bar aus verfolgen. Ich traf an dem besagten Mittwochabend kurz vor Beginn der ersten Show ein, setzte mich an die Bar, bestellte einen Scotch und Wasser, drehte mich dann um 180 Grad, um mir zunächst einmal einen Überblick zu verschaffen.

Am Ende der Tanzfläche war eine kleine Bühne podestartig errichtet worden, deren Hintergrund mit schwarzem Samt ausgeschlagen war, auf dem das in Abbildung 6 dargestellte Quadrat der Dreier-Ordnung mit großen Ziffern appliziert war. Dr. Matrix hatte durch die Anordnung der Ziffern 1964 im Quadrat offenbar die Absicht, auf das kommende Jahr hinzuweisen. Ich versuchte gerade, die besonderen Eigenschaften dieser Matrix zu bestimmen, als das Licht langsam schwächer wurde und die Purple Hatters, eine Negercombo mit lila Zylindern auf den Köpfen, leise die mir so wohlbekannten orientalischen Weisen intonierten.

12	1	18
9	6	4
2	36	3

Abbildung 6. Das magische Multiplikationsquadrat von Dr. Matrix

Im Kegel eines Scheinwerfers betrat dann Dr. Matrix die Bühne. Er trug einen eleganten Abendanzug, wirkte groß und ernst, seine grünen Augen blitzten bedeutungsschwanger über der hervorragenden und gebogenen Nase. Auf dem Kopf trug er einen schneeweißen Turban, in dessen Mitte ein riesiger blutroter Stein leuchtete. Mit einem Maximum an Würde verbeugte sich der Doktor und stellte mit einer höflichen Wendung seine Assistentin Miss Toshiyori vor. Iva verbeugte sich dagegen mit einem Minimum an Kostüm. Im lichten Blau eines Scheinwerfers begann sie mit langsam kreisendem Becken einen Bauchtanz, wobei die Kreisbewegungen von den klopfenden Rhythmen der Purple Hatters begleitet wurden.

»Heiliger Mohammed!« stöhnte der Mann zu meiner Linken (ein Agent aus New York, wie ich später erfuhr), »wo hat der alte Fuchs die aufgetrieben?«

Nachdem ihr Tanz beendet und der Applaus verklungen war, stieg Iva von der Bühne und schwebte graziös von Tisch zu Tisch, grüne Karten verteilend, auf welche die Herrschaften ihre Fragen an Dr. Matrix schreiben sollten, unterzeichnet mit vollem Namen und mit Nennung des Geburtsdatums. Sie warf die Karten in eine große Glaskugel und goß eine purpurne Flüssigkeit darüber. Dr. Matrix sagte ihr leise etwas auf japanisch, dann schnipste er mit den Fingern. Und augenblicklich stand der Inhalt der Kugel in Flammen. Mit tiefer, gutturaler Stimme und im violetten Schein der züngelnden Flammen, die sein Gesicht dämonisch von unten beleuchteten, begann er »hellzusehen«.

Es war eine brillante Vorstellung. Seine scharfsinnigen Vermutungen und Vorhersagen waren durchsetzt von Anagrammen und Wortspielen mit den Namen oder den Initialen der Fragenden, voll der seltsamsten zahlenmystischen Spekulationen mit Geburtsdaten und alles in allem eine geradezu verblüffende Demonstration dessen, was man in der Sprache der Wahrsager eine »kalte Lesung« nennt.* Am Ende erhielt er stürmischen Applaus.

Als die Lichter wieder angingen, kam Iva, die sich in der Zwischenzeit ein Kleid übergezogen hatte, zu mir an die Bar. »Hallo«, sagte sie. »Habe ich mich also doch nicht getäuscht. Mir war nämlich während der Vorstellung, als hätte ich Ihr Gesicht gesehen. Kommen Sie doch mit. Bis zur nächsten Show haben wir noch zwei Stunden Zeit.«

Eilig warf ich etwas Trinkgeld auf die Theke. »Eine alte Freundin«, flüsterte ich dem Mann zu meiner Linken zu, dem fast die Augen aus dem Kopf fielen.

Wir fuhren dann zu dritt mit einem Taxi zum Allerton-Hotel, wo Dr. Matrix in einer teuren Suite Quartier genommen

* Eine kalte Lesung ist eine Deutung, die ohne vorherige Information über einen Gegenstand gegeben wird. »Mrs. C. G.«, würde Dr. Matrix z. B. sagen, »aus dem Zittern Ihrer Handschrift ist zu ersehen, daß Sie erst kürzlich einen Telefonanruf bekamen, der für Sie äußerst aufregend war.« Mrs. C. G. würde ihm daraufhin mit lauter Begeisterung zustimmen.

hatte. Er war von überraschender Herzlichkeit. »Ja«, sagte er, »das Quadrat der Dreierordnung habe ich mit Absicht gewählt, weil in ihm die Jahreszahl 1964 so wunderbar symmetrisch enthalten ist. Es ist übrigens das einfachste magische Multiplikationsquadrat. Die Summe der drei Zahlen jeder Reihe – horizontal, vertikal oder diagonal – ist stets 216. Es ist die kleinstmögliche Summe eines solchen Quadrats, vorausgesetzt natürlich, daß jedes Feld eine andere Zahl enthält.«

Er machte eine Pause, bis ich diese Informationen notiert hatte. »Es gibt im Zusammenhang mit diesem Quadrat ein ganz nettes Rätsel. Sie sollten Ihren Lesern vorschlagen, doch einmal auszuprobieren, ob sie die gleichen neun Zahlen so umstellen können, daß ein magisches Divisionsquadrat entsteht.«

Auf meinen verdutzten Blick erklärte mir der Doktor: »Die Anfangs- und Endziffer jeder Dreierreihe werden miteinander multipliziert und das Produkt durch die mittlere Ziffer dividiert. Das Endresultat muß immer das gleiche sein.«

»Ausgezeichnet«, sagte ich. »Gibt es im Zusammenhang mit dem Jahr 1964 noch andere Kuriositäten?«

Dr. Matrix nickte bedeutsam. »Aus militärischer Sicht betrachtet ist das Jahr potentiell explosiv. Der Burenkrieg endete 1902. Addieren wir die Summe dieser vier Ziffern zu der gegebenen Zahl 1902, so erhalten wir 1914, das Jahr, in dem der Erste Weltkrieg ausbrach. Kriegsende war 1919. Zählen Sie 1, 9, 1, 9 zu 1919 hinzu – das Resultat ist 1939, der Beginn des Zweiten Weltkrieges ...«

Ich unterbrach ihn und fuhr fort: »Der Zweite Weltkrieg endete 1945. Mal sehn ...« Ich addierte 1, 9, 4 und 5 zu 1945. Das Ergebnis: 1964!

»Es wäre tollkühn«, sagte Dr. Matrix, »dieses klare Schema

zu ignorieren. Selbstverständlich machen die Zahlen nur geneigt, zwingen aber niemals.«

»Mir kam in den Sinn«, sagte ich, »da das neue Jahr mit 4 endet, wäre es jetzt vielleicht der passende Zeitpunkt, meine Leser mit einem alten Zeitvertreib bekannt zu machen, dem Spiel mit den vier Vieren. Kennen Sie dieses Spiel?«

Dr. Matrix stöhnte leicht gequält. »Natürlich kenne ich es in- und auswendig!«

Das Spiel ist ganz einfach. Man muß versuchen, so viele ganze Zahlen als möglich zu bilden, beginnend bei 1, darf dabei aber nur die Zahl 4 verwenden, dies auch nur viermal – nicht mehr und nicht weniger – in Verbindung mit einfachen mathematischen Zeichen. Natürlich muß vorher bestimmt werden, was unter einem »einfachen« Zeichen zu verstehen ist. Traditionsgemäß beinhaltet das die Rechenzeichen für Addition, Subtraktion, Multiplikation und Division in Verbindung mit dem (beliebig wiederholbaren) Quadratwurzelzeichen, Klammern, Dezimalzeichen, Periodenzeichen und dem Fakultätszeichen (*n*-Fakultät schreibt sich *n!* Das heißt $1 \times 2 \times 3 \ldots \times n$.) Ein Periodenzeichen steht über der 4 bei 0,4 und zeigt dadurch die Wiederholung der Dezimalziffer an: 0,4444 . . ., oder 4/9.

Bei den Zahlen von 1 bis 10 gibt es keine Schwierigkeiten bei Anwendung der Multiplikations-, Divisions-, Additions- und Subtraktionszeichen *(siehe Abbildung 7)*. Die Zahlen 11 bis 20 (außer der Zahl 19) erhält man auf ähnlich einfache Weise, wenn man das Quadratwurzelzeichen hinzunimmt. Sind auch das Fakultätszeichen, das Dezimal- und Periodenzeichen erlaubt, so kommt man bis zur Zahl 112. Für die 113 gibt es unter diesen Bedingungen offenbar keine Lösung, es sei denn, man verwendet äußerst bizarre Kombinationsformen der erlaubten Zeichen, wie die Kombination

$$1 = \frac{44}{44}$$

$$2 = \frac{4}{4} + \frac{4}{4}$$

$$3 = \frac{4+4+4}{4}$$

$$4 = 4(4-4)+4$$

$$5 = \frac{(4 \times 4)+4}{4}$$

$$6 = 4 + \frac{4+4}{4}$$

$$7 = \frac{44}{4} - 4$$

$$8 = 4+4+4-4$$

$$9 = 4+4+\frac{4}{4}$$

$$10 = \frac{44-4}{4}$$

$$11 = \frac{44}{\sqrt{4}+\sqrt{4}}$$

$$12 = \frac{44+4}{4}$$

$$13 = \frac{44}{4} + \sqrt{4}$$

$$14 = 4+4+4+\sqrt{4}$$

$$15 = \frac{44}{4} + 4$$

$$16 = 4+4+4+4$$

$$17 = (4 \times 4) + \frac{4}{4}$$

$$18 = (4 \times 4) + 4 - \sqrt{4}$$

$$19 =$$

$$20 = (4 \times 4) + \sqrt{4} + \sqrt{4}$$

Abbildung 7. Das Spiel mit den vier Vieren

von Quadratwurzel-, Dezimal- und Periodenzeichen im Nenner des ersten Quotienten der folgenden Gleichung:

$$\frac{4!}{0,\dot{\sqrt{4}}} + \frac{\sqrt{4}}{0,4} = 113$$

Dieses Gesellschaftspiel wurde zum erstenmal am 30. Dezember 1881 (eine Jahreszahl übrigens, die sich als Palindrom auch rückwärts gelesen gleich bleibt) in der Ausgabe einer unterhaltsamen Londoner Wochenzeitschrift erwähnt, die der Astronom Richard Anthony Proctor in jenem Jahr gegründet hatte. Dies regelmäßig erscheinende Blatt nannte er *Knowledge: An Illustrated Magazine of Science, Plainly Worded-Exactly Described.*
In einem Brief an die Herausgeber hat ein Leser mit Erstaunen die Tatsache beschrieben (wie ein Freund ihm demonstriert hatte), daß alle Zahlen von 1 bis 20 außer 19 durch vier Vieren und einfache Rechenzeichen ausgedrückt werden können. Fakultätszeichen und Dezimalzeichen waren nicht erlaubt. Die Leser wurden damals aufgefordert, ihr Glück zu versuchen, und die Lösungen erst in einer späteren Ausgabe (13. Januar) bekanntgegeben. (Mit Hilfe des Fakultätszeichens kann die 19 ausgedrückt werden: 4!-4-4/4. Für den Leser dieses Buches stellt sich nun die Aufgabe, einen Weg zu finden, die 19 nur mit Hilfe der vier Rechenzeichen und des Dezimalzeichens auszudrücken.)
Seit 1881 erlebt das Spiel immer wieder Zeiten großer Beliebtheit. Ein ausführlicher Artikel über dies Thema von W. W. Rouse Ball erschien im Mai 1912 in der *Mathematical Gazette,* und die Zahl der Artikel und Tabellen, die diesem Thema gewidmet wurden, beläuft sich inzwischen auf über 2000. Selbst heute noch kann dieses Spiel plötzlich aus hei-

terem Himmel wie eine Manie über die Angestellten eines Büros hereinbrechen und die Arbeit für Tage zum Erliegen bringen.
»Ist es möglich«, fragte ich Dr. Matrix, »1964 mit vier Vieren und den traditionellen Zeichen auszudrücken?«
Er schüttelte heftig den Kopf. »Selbstverständlich ist das mit vielen wichtigen Daten durchaus möglich. 1776 ist 4 mal 444. Aber 1964 gehört nicht dazu. Mit fünf Vieren, ja.« Er schrieb auf meinen Notizblock:

$$44^{\sqrt{4}} + 4! + 4$$

»Aber mit vier Vieren, nein.«
»Und wie steht es mit 64?«
»Das«, sagte Dr. Matrix, »ist kein Problem. Im Gegenteil, es ist schon sehr seltsam, denn die 64 kann auch mit drei Vieren und sogar mit zweien, immer nur mit Hilfe der traditionellen Zeichen, ausgedrückt werden.«
Der Leser wird hiermit aufgefordert, seine Kombinationsfähigkeit an diesem Problem zu erproben. Die Aufgabe lautet: Die Zahl 64 mit vier Vieren, mit drei Vieren und mit zwei Vieren auszudrücken. Es dürfen nur die erwähnten Zeichen benutzt werden. Die Aufgabe mit vier Vieren ist mittelschwer, mit drei Vieren ein Kinderspiel, mit zwei Vieren allerdings extrem schwer.
Dr. Matrix starrte ausdruckslos in die Luft, als ich ihn auf den kommenden Wahlkampf ansprach. In einem Interview, das im zweiten Kapitel dieses Buches wiedergegeben ist, hatten wir uns über das schreckliche numerologische Schema unterhalten, demzufolge noch jeder Präsident, der in einem Jahr mit einer Null am Ende gewählt wurde, während seiner Amtszeit gestorben ist, angefangen beim Tod

von Harrison im Jahre 1840. Und nun war auch Kennedy, 1960 zum Präsidenten gewählt, ermordet worden.

»Ja«, sagte er schließlich, »die Namen und Geburtstage der führenden Kandidaten verdienen bei Gott gründliche Analysen. Das einzige Mal während der letzten zweiundzwanzig Präsidentschaftswahlen, gezählt vom Jahre 1876, daß der Kandidat mit dem kürzeren Nachnamen die Wahl gewann, war 1908, als Taft Bryan besiegte. Dieses Schema verschafft natürlich Rockefeller einen Vorteil vor allen seinen Mitbewerbern. Sicher sind Nixon, Romney und Johnson ohne Chance, denn ihren Namen fehlt der Doppelbuchstabe, den Rockefeller mit seinen zwei *l* auch noch hat.«

Ich schrieb wie wild mit. »Das macht Rocky zum aussichtsreicheren Kandidaten als Goldwater, nehme ich an. Beide Männer haben zwar einen Doppelbuchstaben, aber Rockys Nachname ist länger.«

»So gesehen, ja. Natürlich ist auch Rockys Körpergröße eine günstige Voraussetzung. Das einzige Mal während der vergangenen 15 Wahlen, vom Jahre 1904 an gerechnet, daß der kleinere Kandidat die Wahl gewonnen hat, war 1940, als Roosevelt, sechs Fuß und zwei Inches groß, Willkie schlug, der mit sechs Fuß und zweieinhalb Inches größer war als er. Wußten Sie, daß Rockefeller und Romney, die Männer mit den *R*-Initialen, beide an einem 8. Juli geboren sind?«

Ich schüttelte den Kopf.

»Ja, alle fünf führenden Kandidaten der Republikaner – Rockefeller, Romney, Goldwater, Nixon und Scranton – sind in Monaten mit dem Anfangsbuchstaben *J* geboren. Goldwater und Nixon im Januar, Scranton im Juli. *J* ist der zehnte Buchstabe des Alphabets. Beachten Sie, daß *Republican* zehn Buchstaben hat und daß die Summe der Ziffern 64 die Zahl 10 ergibt.«

»Ist das ein gutes Omen?«

»Bis zu einem gewissen Grad, ja. Die Ziffern von 1964 ergeben freilich die Summe 20. Der einzige Kandidat, dessen voller Name genau aus 20 Buchstaben besteht, ist Barry Morris Goldwater. Andererseits erfolgt die Amtseinsetzung des Präsidenten nicht vor 1965, was die Summe 21 ergibt, die Anzahl der Buchstaben im Namen von William Warren Scranton.«

»Ihre Zahlenmystik ist verwirrend«, sagte ich.

»Nicht verwirrender als die Politik. Ich kann leider nicht behaupten, daß Scranton, der Gouverneur von Pennsylvania, in Scranton, Pennsylvania, geboren wurde oder gar in Cranston, Rhode Island, seinem anagrammatischen Bruder. Er wurde bloß in Madison, Connecticut, geboren. Aber *Madison* ist ja immerhin der Name eines früheren Präsidenten, das ist vielleicht ein günstiges Zeichen.«

»Man hat Rockefeller den Vorschlag gemacht«, bemerkte ich, »eine seiner Wahlkampfreden mit folgenden Worten zu eröffnen: ›I come to Barry Goldwater, not to praise him‹.«*

Dr. Matrix blickte tiefsinnig wie ein Marabu. »Man kann wirklich vortreffliche Wortspiele mit den Namen von Kandidaten anstellen. Nehmen Sie nur Nix und Nixon. Aldrich Rockefeller klingt doch wie ›old rich rocky feller‹ – alter reicher beduselter Holzfäller; und man könnte sagen, daß seine Ansichten über einige der umstrittenen politischen Fragen wirklich so beschaffen sind, daß sie selbst den stärksten

* Anspielung auf den Satz: »I come to bury Caesar, not to praise him«, aus der Rede des Antonius. Shakespeare, Julius Caesar, III. Akt, Szene II: »Begraben will ich Caesarn, nicht ihn preisen.« Im vorgeschlagenen Satz soll Rockefeller über die Homonymie von »Barry« und »bury« weniger zu Barry Goldwater kommen, um ihn nicht zu preisen, sondern vielmehr sagen: »Begraben will ich Goldwater, nicht ihn preisen.« (A. d. Ü.)

Holzfäller umhauen würden: ›to rock a feller‹. Auf Nixons engstirnigen Republikanismus verweist allein schon die Tatsache, daß der erste und letzte Buchstabe des Wortes *Republican* seine Initialen sind; umgekehrt sind dieselben Buchstaben Rockefellers Initialen. Die vollständigen Initialen des Gouverneurs sind rückwärts gelesen vielleicht prophetisch: Der Republikaner, der 1964 gewinnen wird: *RAN*. Den Experten von Silben- und Kreuzworträtseln wird längst aufgefallen sein, daß Roc/ kef/ el/ er jeweils Begriffe für ein Fabeltier, träumerisches Wohlbehagen, eine Hochstraße und eine irische Meeresgottheit sind.«

»Das ist alles sehr interessant«, sagte ich, »aber doch etwas zu doppelsinnig. Können Sie nicht eine klare Prognose für die Nominierung des republikanischen Kandidaten geben?«

»Mein Tip ist Barry Goldwater. Ich glaube allerdings, daß William Makepeace Thackeray den kommenden Wahlkampf bereits 1844 in seinem in England erschienenen Schelmenroman *Die Memoiren des Junkers Barry Lyndon* beschrieben hat. Barry Lyndon, falls Sie das bemerkenswerte Buch nicht kennen sollten, ist ein irischer Taugenichts: Söldner, Spieler, Hochstapler und Glücksritter. Egal wie entwürdigend seine Taten auch ausfallen, egal wie gehässig seine Kritiker über ihn herfallen, niemals zweifelt er daran, der edelste und weiseste unter den Menschen zu sein.«

Iva, die uns während unserer Unterhaltung allein gelassen hatte, kehrte nun ins Wohnzimmer zurück, um ihren Vater daran zu erinnern, daß er in einer halben Stunde im Purple Hat sein muß. Ich entlohnte den Taxifahrer, der uns zum Club fuhr, und begleitete die beiden zum Hintereingang.

»Wann ist die letzte Show zu Ende?« fragte ich Iva.

»Halb drei«, sagte sie lächelnd.
»Hätten Sie vielleicht Lust, dann noch etwas essen zu gehen?«
»Aber ja. Ich werde einen Bärenhunger haben.«
Wie übersteht ein Mann in den mittleren Jahren drei Stunden Wartezeit um Mitternacht bei Frost und Schnee, mitten in der Woche, Mitte Dezember, in der Mitte von Windy City? Ich ging also in mein Hotel zurück und verbrachte die Zeit in der Mitte meines Bettes.

KAPITEL VI

Dr. Matrix in Miami Beach

Der Auftritt von Dr. Matrix im Chicagoer Purple Hat Club war eine solche Sensation, daß er von einem Luxushotel in Las Vegas das Angebot für ein sechswöchiges Gastspiel erhielt. Wie Augenzeugen übereinstimmend berichten, bekam der alte Schwindler nicht nur eine Spitzengage für seine Nummer, sondern schaffte es auch noch, 70000 Dollar beim Blackjack zu gewinnen, und zwar spielte er nach einer selbst erfundenen Variante des Systems, das der Mathematiker Edward O. Thorp in seinem Buch *Beat the Dealer* erklärt hat. Weiter erzählt man sich, Miss Toshiyori habe ihrem Vater geholfen, indem sie ihm heimlich Berechnungen zusteckte, die sie mit ihrem kleinen, in der Handtasche verborgenen Taschenrechner machte.

Ich schrieb Dr. Matrix im September 1964, er war damals noch in Las Vegas, und bat ihn um seine Prognose für den bevorstehenden Wahlkampf zwischen Goldwater und Johnson um das Amt des Präsidenten. Ich erinnerte ihn daran, daß nur Barry Goldwater den kostbaren Doppelbuchstaben in seinem Namen trägt. Bedeutet dies, daß er gewinnen wird?

Nein, antwortete Dr. Matrix. Der Doppelbuchstabe wird durch einen anderen wichtigen Tatbestand ausgeglichen. Die Wähler haben offenbar die Neigung, Namen mit der Endung auf *on* attraktiver zu finden, als Namen mit der Endung *er*. Tyler, Hoover und Eisenhower waren die einzigen »*er*«-Präsidenten gegenüber neun »*on*«-Präsidenten: Washington, Jefferson, Madinson, Jackson, William Henry Harrison, Andrew Johnson, Benjamin Harrison, Wilson und Lyndon Johnson. Sicher, Eisenhow*er* schlug Stevens*on*, aber das war eine der Ausnahmen. Lynd*on* Johns*on* hat ein doppeltes *on*. In den Augen von Dr. Matrix war dies Grund genug, die Macht des doppelten *r* in Barry zu brechen.

Nach sorgfältigem Studium all der komplexen zahlenmystischen Aspekte des Wahlkampfes konstruierte Dr. Matrix eine Zahl – 13212 –, in der, wie er mir mitteilte, eine absolut unfehlbare Voraussage enthalten sei, die den Namen des nächsten Präsidenten angibt. Er war sich seiner Sache so sicher, daß er mich bat, diese Prognose in meiner Oktoberkolumne des *Scientific American* zu veröffentlichen (was ich auch tat), versehen mit der Erklärung, daß er jedem Abonnenten 100 Dollar zahlen würde, falls sich seine Voraussage als falsch erweisen sollte. Um die Wahl nicht zu beeinflussen, schrieb er mir weiter, würde er seine Voraussage erst nach dem 3. November entschlüsseln, noch rechtzeitig für die Veröffentlichung in der Dezemberausgabe meiner Kolumne versprach er mir seine detaillierte Aufschlüsselung.

Nachdem sie in Las Vegas ihr Glück gemacht hatten, beschlossen Dr. Matrix und Iva, mit einem Teil ihres frisch erbeuteten Reichtums einen Skiurlaub im Westen von Kanada zu finanzieren. Mitte Oktober erhielt ich von Iva eine Postkarte, die in *Zero,* Montana, abgestempelt war. Sie hatten sich in Kanada einen Jaguar gekauft und wollten nun gemütlich durch das Land fahren, bis nach Miami in Florida.

Als Ivas zweite Karte aus *Unity*ville, South Dakota, ankam, ahnte ich bereits, daß das Paar auf recht verschlungenen Wegen sich bewegte, wahrscheinlich würde ihre Reise sie durch jene Städte führen, deren Namen Zahlen in zunehmender Reihenfolge enthalten.

Und richtig! Die nächsten Karten kamen aus: *Two* Rivers, Wisconsin; *Triplet,* Virginia; *Four* Oaks, North Carolina; *Five* Fourks, West Virginia; *Six,* West Virginia; *Seven* Mile, Ohio; *Eight* Mile, Alabama; *Nine*ty Six, South Carolina; und *Ten* Mile, *Ten*nessee.
Das nächste Lebenszeichen von Dr. Matrix, ein Telegramm, erhielt ich am 4. November, dem Tag nach der Wahl. Es enthielt den Schlüssel für seine numerische Vorhersage des Wahlsiegers: Zuerst wird die Zahl 13212 wie folgt unterteilt: 13/21/2. Diese drei Zahlen verweisen, in umgekehrter Reihenfolge gelesen, auf den zweiten, einundzwanzigsten und dreizehnten Buchstaben vom *Schluß* des Fahneneides. Die drei Buchstaben sind *l, b, j* – die Initialen von Lyndon Baines Johnson. Dr. Matrix fügte hinzu, daß er mit seiner Tochter im Moral Rot-Hotel in Miami Beach abgestiegen sei. Ob ich nicht Lust hätte, so fragte er an, auf einen Sprung rüber zu kommen?
Natürlich hatte ich Lust. Zunächst spielte ich noch mit dem Gedanken, das Auto zu nehmen, um ihnen von unterwegs Postkarten aus Odd, Virginia, und Evensville, Tennessee, zu schicken.* Aber dann fand ich den Aufwand doch etwas übertrieben und nahm das Flugzeug.
Noch am selben Nachmittag um drei Uhr fand ich Dr. Matrix und Iva im Cocktailroom Marquis de Sade des noblen Hotels. Das viele Geld tat ihnen offensichtlich gut. Dr. Matrix hatte zugenommen. Seine hohlen Wangen waren rund geworden, so daß er jetzt weniger einem grünäugigen Falken glich, sondern mich vielmehr an einen grünäugigen Uhu erinnerte. Im schummrigen Licht der Halle erschien Iva jünger und begehrenswerter denn je.

* Wortspiel mit »odd« = ungerade und »even« = gerade. (A. d. Ü.)

»Es tut gut zu wissen, mein lieber Doktor, daß auch Sie nicht unfehlbar sind«, begann ich die Unterhaltung. »Bei unserem letzten Treffen haben Sie einige Geschichtsdaten so düster addiert, daß jeder annehmen mußte, daß in diesem Jahr noch der dritte Weltkrieg ausbrechen wird.«
»Derartiges kann ich wohl kaum behauptet haben«, schnarrte Matrix, leicht verärgert dreinschauend. »Ich habe lediglich darauf hingewiesen, daß das Jahr 1964 in der Perspektive gewisser numerologischer Schemata ein gefährdetes und gefährliches Jahr sein wird. Seien Sie nicht zu optimistisch. Erinnern Sie sich bitte daran, daß erst vor wenigen Wochen im August amerikanische Flugzeuge zum erstenmal Stützpunkte in Nordvietnam bombardiert haben. Das war eine weitere Eskalation des Krieges und mit Sicherheit eine, die uns noch an den Rand einer weltweiten Katastrophe bringen wird.«
»Mit Johnsons Wahlsieg letzten Monat hatte er jedenfalls recht«, sagte Iva.
»Ja, meine Liebe. Aber die Prognose Ihres Vaters war eine mit Netz und doppeltem Boden. Es stimmt, angewandt auf den Fahneneid ergab sie *L. B. J.*, aber einer meiner Leser hat herausgefunden, daß man die Zahl 13212 ja auch in 13/2/12 aufteilen kann. Schlägt man das dreizehnte Kapitel der King-James-Bibel auf, also das dreizehnte Kapitel der Genesis, Vers zwei, so finden Sie als zwölftes Wort *gold,* immerhin eine eindeutige Anspielung auf Barry Goldwater.«
Dr. Matrix blinzelte würdevoll und Iva lächelte bemüht. »Ein erstaunlicher Zufall«, sagte er dann, »aber ich bin eigentlich nicht überrascht. Wissen Sie, Unwahrscheinlichkeiten sind nun einmal wahrscheinlich, und sie haben immer auch etwas zu bedeuten. Habe ich Ihnen eigentlich schon

einmal erzählt, daß in dem Deweyschen Dezimalsystem für Büchereien die Klassifizierungsnummer für Zahlenmystik 133.335 ist?«

Ich holte Bleistift und Papier aus meinem Jackett und schüttelte den Kopf.

»Addieren Sie diese Zahl mit ihrer Umkehrung 533.331«, fuhr Dr. Matrix fort, »so erhalten Sie 666.666 – eine Verdoppelung der Zahl des Tieres.«

»Das ist interessant«, sagte ich. »Ich habe gerade ein Buch veröffentlicht, es heißt *The Ambidestrous Universe.* Es handelt ausschließlich von solchen Spiegelungen und Links-Rechts-Symmetrien.«

»Ein amüsantes Buch. Ich habe es schon bis zur Hälfte gelesen. Allerdings bedauere ich doch sehr, daß Sie mich nicht vorher konsultiert haben, als Sie den Abschnitt über Wörter, Buchstaben und Zahlen verfaßten. Ich hätte Ihnen bedeutend mehr und dazu noch besseres Material zur Verfügung gestellt.«

»Beispiele, Doktor«, sagte ich mit gezücktem Bleistift, »bitte.«

Iva warf einen Blick auf ihre Armbanduhr und verabschiedete sich: »Die Herren müssen mich nun aber entschuldigen. Ich möchte noch etwas schwimmen gehen, bevor die Sonne untergeht.« Sie nickte mir zu: »Bis zum Dinner, Nitram.«

Nachdem wir wieder Platz genommen hatten, sprach Dr. Matrix weiter. »Betrachten wir die augenblickliche internationale Lage. Es ist ja ganz klar, daß die große Links-Rechts-Spaltung zwischen den United States und der Soviet Union ihr Äquivalent in der Tatsache findet, daß die Initialen der beiden Giganten Links-Rechts-Spiegelungen sind: U.S. und S.U. Und ist Ihnen schon aufgefallen, daß das be-

rühmte K- und B-Gespann Krush und Bulge, das auf Stalin folgte, wiederholt wird vom neuen B- und K-Gespann Brezh und Kos? Nur die Reihenfolge ist umgekehrt – nicht das K, sondern das B steht diesmal an der Spitze.«
Dr. Matrix borgte sich meinen Bleistift aus und notierte blitzschnell den Wert von Pi bis auf die 32. Dezimalstelle *(siehe Abbildung 8).* »Mathematiker halten die Dezimalfolge von Pi zwar für eine beliebige Serie, aber für einen modernen Numerologen ist sie freilich eine wahre Fundgrube bemerkenswerter Muster.«

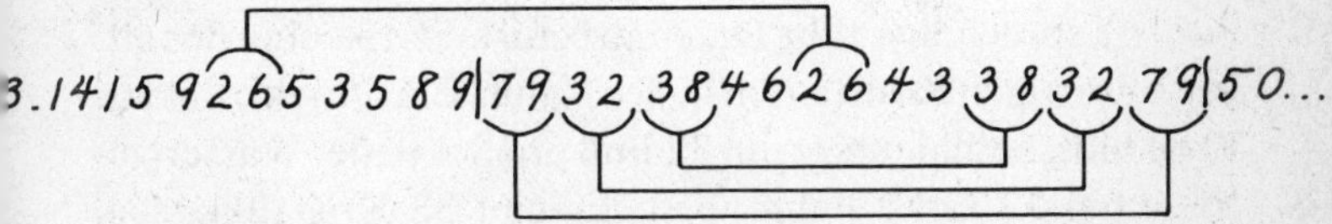

Abbildung 8. Reflexionsmuster in Pi

Über die zweimal auftretende 26 zeichnete er jeweils einen Bogen. »Sechsundzwanzig ist, wie Sie sehen, die erste zweistellige Zahl, die sich wiederholt. Beachten Sie, daß die zweite 26 das Zentrum zweier symmetrischer Reihen bildet.« Dr. Matrix begrenzte mit zwei vertikalen Strichen die 18 Ziffern, markierte dann sechs andere Zahlenpaare mit kleinen Bögen, wie in der Abbildung gezeigt wird. Die Zahlenpaare 79, 32 und 38 auf der linken Seite finden ihr Gegengewicht in den drei gleichen Paaren, welche in umgekehrter Reihenfolge auf der rechten Seite stehen! Er lenkte meine Aufmerksamkeit auch auf die Gruppen von fünf Ziffern auf beiden Seiten der ersten 26. Die Summe der ersten Gruppe ergibt 20, die Anzahl der Dezimalstellen bis zur zweiten 26. Die Summe der zweiten Gruppe ergibt 30, die

Anzahl der Dezimalstellen bis zum zweiten Querstrich. Zusammen ergeben sie 50, die zweistellige Zahl hinter dem zweiten Querstrich. Die Sequenz zwischen den Querstrichen beginnt mit dem dreizehnten Dezimal, und 13 ist die Hälfte von 26. Die drei Paare 79, 32 und 38 bestehen aus sechs Ziffern, die zusammen 32 ergeben, das Paar in der Mitte ebenso wie die gesamte Anzahl der abgebildeten Dezimalziffern. 46 und 43 auf beiden Seiten der zweiten 26 ergeben zusammen 89, das Zahlenpaar vor dem ersten Querstrich.

»Ich könnte Ihnen stundenlang über diese entscheidende Zahl 32 sprechen«, fuhr Dr. Matrix fort. »Es ist eine der allgegenwärtigen Konstanten in der Natur. Ein Objekt, das zur Erde fällt, beschleunigt um 32 Fuß pro Sekunde. Wasser gefriert bei 32 Grad Fahrenheit. Es gibt 32 Kristallklassen. Der Mensch hat 32 Zähne. Die gefüllte vierte Schale eines Atoms hat 32 Elektronen. Es gibt 32 langlebige Grundpartikel. Eddingtons Feinstrukturkonstante, 137, ist die 32. ungerade Primzahl. Und so weiter. Natürlich ist 32 auch 2 zur Potenz aus 3 plus 2 erhoben.«

»Zu dumm, daß die Anzahl der Monde im Sonnensystem nur einunddreißig beträgt. Wie erklären Sie sich das?«

»Mein lieber Gardner«, erwiderte er. »Es gibt *zwei*unddreißig Monde im Sonnensystem. Einen Mond haben unsere Astronomen bis jetzt nur noch nicht entdeckt.«

»Können Sie mir sagen, zu welchem Planeten er gehört?«

»Drei mal zwei ist sechs. Der sechste Planet, der die Sonne umkreist, ist Saturn.«*

* Diese Voraussage wurde 1967 bestätigt, als Audouin Dolfus vom Meudon-Observatorium in Frankreich die Entdeckung eines neuen Mondes bekanntgab, den er sehr nahe am äußeren Rand der Ringe des Saturn lokalisiert hat und der später den Namen Janus erhielt. Das erhöht die Zahl der

»Der wissenschaftliche Publizist Guy Murchie wies mich kürzlich darauf hin«, sagte ich, »daß Franklin D. Roosevelt, der zweiunddreißigste Präsident der Vereinigten Staaten, im Jahre 32 gewählt worden war. Und ich glaube mich zu erinnern, daß der Irische Freistaat aus zweiunddreißig Grafschaften besteht. Hat nicht deshalb James Joyce in *Finnegans Wake* die 32 als Symbol für Finnegans Untergang gewählt?«

Dr. Matrix nickte. »Ich trage mich schon lange mit dem Gedanken, eines Tages einen Kommentar zu Joyces Zahlensymbolik zu schreiben. Aber zurück zum Pi. Ich wünschte, ich hätte Zeit, gründlicher auf die subtilen Eigenschaften und die historische Bedeutung dieser ersten zweiunddreißig Dezimalziffern einzugehen. Lassen Sie mich nur soviel sagen, daß 62-64 in der Mitte der Reihe zwischen den Querstrichen die drei ereignisreichen Jahre anzeigt, die wir gerade erlebt haben, und den Lauf der Welt von 33 auf der rechten Seite, dem Jahr, in dem Hitler Reichskanzler wurde, zu George Orwells 84 auf der linken Seite. Richtig gedeutet erzählt Pi also die gesamte Menschheitsgeschichte.«

»Haben Sie«, wechselte ich bewußt das Thema, »irgendwelche links-rechts-verdrehte Geschichten, die sich als Rätsel eignen?«

»Tausend und aber tausend«, seufzte Dr. Matrix. »Richten Sie ihre Aufmerksamkeit für einen Moment auf die Zahlen von 1 bis 19. Ordnen Sie sie in abnehmender Reihenfolge, drehen Sie dann das Ganze um und subtrahieren Sie die zweite Reihe von der ersten *(siehe Abbildung 9)*. Das Resul-

bekannten Monde im Sonnensystem auf 32. Eine hübsche zahlenmystische Theorie, nach der die Anzahl der Satelliten jedes Planeten durch die Struktur der Energiestärke des Atoms bestimmt wird, finden Sie bei Sam Elton: *A New Model of the Solar System* (Philosophical Library, 1966), Kapitel 5.

$$987654321 - 123456789 = 864197532$$

$$9876543210 - 0123456789 = 9753086421$$

$$98754210 - 01245789 = 97508421$$

$$954 - 459 = 495$$

Abbildung 9. Vier Beispiele einer Selbsterhaltung bei unterschiedlichen Ziffern

tat ist verblüffend, denn in der Lösung tauchen dieselben Zahlen wieder auf.«

»Das habe ich schon mal gesehen«, sagte ich, »in mittelalterlichen Büchern über Zahlenmystik.«

»Gewiß«, erwiderte Dr. Matrix, »ich erwähne dies auch nur, weil leider kaum ein Mathematiker heute noch Beispiele dafür angeben kann, was ich die Selbsterhaltung der Ziffern nenne.«

Das Problem, das mir Dr. Matrix sehr viel ausführlicher erklärt hat, als ich es hier wiedergeben kann, besteht darin, eine Gruppe von n-verschiedenen Ziffern zu finden, die zunächst in abnehmender Reihenfolge geordnet werden; dann wird die Reihe umgekehrt und die zweite, zunehmende Reihe von der ersten subtrahiert, wobei am Ende bei der Lösung die gleichen n-Ziffern wieder erscheinen müssen. Für Gruppen mit eins, zwei, fünf, sechs oder sieben Ziffern gibt es keine Beispiele (außer dem simplen Fall von 0-0 = 0). Das einzige Beispiel mit drei Ziffern ist 954. Das einzige

Beispiel mit acht Ziffern 98754210. Das oben angegebene Beispiel mit neun Ziffern ist auch ein Einzelfall, und mit 10 Ziffern ist 9876543210 offensichtlich die einzige Möglichkeit. Mit vier Ziffern gibt es auch nur ein Beispiel. Ob der Leser es herausfindet?

»Dabei fällt mir ein«, fügte Dr. Matrix hinzu, »vielleicht haben Ihre Leser Lust, 987654321 durch 123456789 zu *teilen*. Es ist kaum zu glauben, aber die Antwort lautet 8.00000007 . . ., sieben Dezimalstellen die Null, gefolgt von der 7.* Schade, daß der Quotient nicht genau 8 ist, aber so verhalten sich die Dinge nun manchmal, sowohl in der Zahlenmystik, als auch in der Physik. Wir sollten in meine Suite hinaufgehen. Hier ist es inzwischen so dunkel geworden, daß ich kaum noch erkenne, was ich schreibe.«

Dr. Matrix zahlte die Rechnung und nachdem er noch ein großzügiges Trinkgeld gegeben hatte, fuhren wir mit dem Fahrstuhl zu seiner Zimmerflucht im obersten Stockwerk.

»Was für eine Zimmernummer haben Sie denn?« fragte er, nachdem wir es uns bequem gemacht hatten. Als ich sie ihm nannte, schloß er für eine Minute konzentriert die Augen, riß sie dann plötzlich weit auf und sagte: »Eine höchst ungewöhnliche Zahl. Es ist die einzige dreistellige Zahl mit folgenden Eigenschaften: multipliziert man sie mit einer bestimmten Zahl, so erhält man wiederum eine dreistellige Zahl, die die Umkehrung der Zahl ist, die man erhält, wenn man statt dessen dieselbe Zahl addiert.«

»Ich notiere mir das alles für die Januarausgabe«, sagte ich ihm. »Ich werde auch die Rechenspiele mit reinnehmen und

* Vielleicht haben einige Leser Spaß daran, diese merkwürdige Division weiter zu untersuchen. Auf fünfzehn Dezimalstellen erweitert lautet der Quotient 8.000000072900000 . . . Ist es Zufall, daß 729 die dritte Potenz von 9 ist?

die Antwort im Februarheft veröffentlichen. Haben Sie irgendein Rätsel, bei dem die neue Jahreszahl mit einbezogen ist?«
»Eine solche Frage habe ich von Ihnen erwartet«, antwortete Dr. Matrix mit einem seiner seltenen Anflüge eines Lächelns. »Sie erinnern sich vielleicht, daß Sie in Ihrer Kolumne vom Oktober 1962 die Leser aufgefordert haben, in die Reihe 123456789 und deren Umkehrung 987654321 nach Gutdünken Plus- oder Minuszeichen zu setzen, so daß die Summe jedesmal 100 ergibt?«
Ich nickte. »Und in der Spalte ›Leserbriefe‹ der Januarausgabe 1963 haben wir Computerergebnisse mit elf verschiedenen Lösungen für die steigende Reihe und fünfzehn für die fallende Reihe abgedruckt.« *(Siehe Abbildung 10.)*
»Um die Sammlung zu vervollständigen«, sagte Dr. Matrix, »es gibt drei weitere Antworten für die fallende Reihe und eine einzige für die steigende Reihe, unter der Voraussetzung, daß vor die erste Zahl ein Minuszeichen gesetzt werden darf.«
Für den interessierten Leser nenne ich hier die Beispiele:
$-9+8+76+5-4+3+21$; $-9+8+7+65-4+32+1$;
$-9-8+76-5+43+2+1$; $-1+2-3+4+5+6+78+9$.
»Sie könnten nun diesmal Ihren Lesern die Aufgabe stellen, fünf Zeichen in die steigende Reihe einzufügen, so daß sich die Summe von 65 ergibt, die neue Jahreszahl. Fünf ist die kleinste Anzahl von Zeichen, mit der diese Lösung möglich ist, und es gibt auch nur eine mögliche Antwort, selbst wenn es erlaubt ist, ein Minuszeichen vor die 1 zu setzen.«
»Und wie verhält es sich mit der fallenden Reihe?«
»Ist kein Minuszeichen am Anfang erlaubt, so beträgt die kleinste Anzahl von Zeichen, um 65 zu erhalten, sechs, mit fünf verschiedenen Lösungen. Sie sind allerdings nicht von

LÖSUNGEN FÜR STEIGENDE REIHEN

$123 - 45 - 67 + 89 = 100$
$123 + 4 - 5 + 67 - 89 = 100$
$123 + 45 - 67 + 8 - 9 = 100$
$123 - 4 - 5 - 6 - 7 + 8 - 9 = 100$
$12 - 3 - 4 + 5 - 6 + 7 + 89 = 100$
$12 + 3 + 4 + 5 - 6 - 7 + 89 = 100$
$1 + 23 - 4 + 5 + 6 + 78 - 9 = 100$
$1 + 2 + 34 - 5 + 67 - 8 + 9 = 100$
$12 + 3 - 4 + 5 + 67 + 8 + 9 = 100$
$1 + 23 - 4 + 56 + 7 + 8 + 9 = 100$
$1 + 2 + 3 - 4 + 5 + 6 + 78 + 9 = 100$

LÖSUNGEN FÜR FALLENDE REIHEN

$98 - 76 + 54 + 3 + 21 = 100$
$9 - 8 + 76 + 54 - 32 + 1 = 100$
$98 - 7 - 6 - 5 - 4 + 3 + 21 = 100$
$9 - 8 + 7 + 65 - 4 + 32 - 1 = 100$
$9 - 8 + 76 - 5 + 4 + 3 + 21 = 100$
$98 - 7 + 6 + 5 + 4 - 3 - 2 - 1 = 100$
$98 + 7 - 6 + 5 - 4 + 3 - 2 - 1 = 100$
$98 + 7 + 6 - 5 - 4 - 3 + 2 - 1 = 100$
$98 + 7 - 6 + 5 - 4 - 3 + 2 + 1 = 100$
$98 - 7 + 6 + 5 - 4 + 3 - 2 + 1 = 100$
$98 - 7 + 6 - 5 + 4 + 3 + 2 - 1 = 100$
$98 + 7 - 6 - 5 + 4 + 3 - 2 + 1 = 100$
$98 - 7 - 6 + 5 + 4 + 3 + 2 + 1 = 100$
$9 + 8 + 76 + 5 + 4 - 3 + 2 - 1 = 100$
$9 + 8 + 76 + 5 - 4 + 3 + 2 + 1 = 100$

Abbildung 10. Lösung zweier Aufgaben mit neun Ziffern von einem Computer

besonderem Interesse. Ist aber ein Minuszeichen vor der 9 erlaubt, so gibt es ebenfalls nur eine einzige Lösung mit fünf Zeichen. Ihre Leser könnten Spaß daran haben, auch das auszuknobeln.«

»Gewiß viele«, sagte ich. »Aber Sie müssen zugeben, daß alle Probleme, die Sie bisher erwähnt haben, ziemlich trivial sind. Können Sie mir nicht etwas mit ein wenig mehr Substanz bieten?«

Dr. Matrix erhob sich, ging zu einem Pult und kehrte mit einem Gegenstand zurück, der aussah wie ein silbernes Lineal. Als ich es genauer betrachtete, sah ich, daß es nur vier Markierungen hatte *(siehe Abbildung 11)*.

»Das hat mir ein alter Freund aus Tokio geschickt«, sagte Dr. Matrix. »Es ist dreizehn Zentimeter lang; und die Markierungen sind so plaziert, daß man jede volle Zentimeterlänge von 1 bis 13 messen kan.«

Ich untersuchte das Lineal. »Aha, ich verstehe, was Sie meinen. Von 0 bis 1 mißt man einen Zentimeter. Von 0 bis 2 mißt man zwei. Drei mißt man von den Markierungen 10 bis 13, vier von 6 bis 10, und so weiter.«

Für einen 9 cm langen Stab genügen drei Markierungen, erzählte mir Dr. Matrix, will man mit einer Messung jede ganze Länge von eins bis neun messen. Auf einem 12 cm langen Lineal sind allerdings vier Markierungen nötig, um die Längen von eins bis 12 zu messen. Ob der Leser das richtige Schema findet, die vier Markierungen auf einem 12 cm langen Stab festzulegen, und ob er auch beweisen kann, daß drei Markierungen nicht ausreichen? Findet der Leser auch heraus, wieviel verschiedene Längen er maximal mit drei Markierungen, die an der richtigen Stelle auf einem 12 cm langen Stab plaziert sind, messen *kann?*

Eine noch schwierigere Frage: Welches ist die kleinste An-

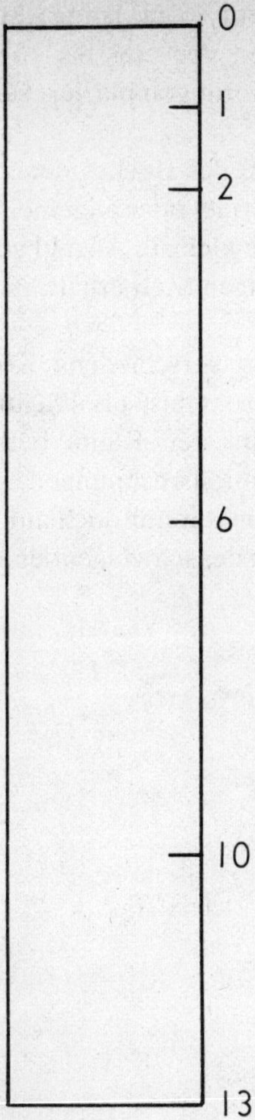

Abbildung 11. Das 13-cm-Lineal von Dr. Matrix

zahl von Markierungen auf einem 36 cm langen Meßstab, mit der man alle ganzen Längen von eins bis 36 messen kann? Zeigen Sie, wie die Markierungen plaziert sein müssen.

Diese Fragen werden am Schluß des Buches beantwortet, aber das Hauptproblem, eine Formel oder allgemeingültige Anleitung zu finden, wie man die kleinste Anzahl von Markierungen für jeden beliebig langen Stab erhält, ist immer noch ungelöst.

Dr. Matrix und ich diskutierten verschiedene Kombinationsmöglichkeiten des Linealproblems, als Iva in einem leuchtend orangefarbenen Bikini den Raum betrat. Ich dachte nicht länger an Kombinationsrechnungen, sondern konzentrierte meine Aufmerksamkeit nur noch auf räumliche Kurven und auf die Dynamik der schwingenden Körper.

KAPITEL VII

Dr. Matrix in Philadelphia

Im Laufe der Jahre hatte ich die Erfahrung gemacht, daß Dr. Matrix und seine Tochter recht oft die Anschrift wechselten. Mir kam langsam der Verdacht, daß ihr peripatetisches Leben ein permanentes Ausweichen vor der Polizei oder Flucht vor Gläubigern, wenn nicht gar beides ist. Nach unserem letzten Zusammentreffen in Miami Beach verlor ich für zehn Monate jede Spur von ihnen. Anfang November 1965 erhielt ich dann von Iva eine geheimnisvolle Postkarte. Der vollständige Text lautete:

A, B, ...
. . . .
. . . .
. . . .
. . . .

Die Karte war in Philadelphia abgestempelt, und Iva hatte noch eine Telefonnummer dazugeschrieben. Ich grübelte einige Tage, bis ich plötzlich den Sinn dieser Botschaft erkannte: »Long Time no see.«*
Zwei Tage später war ich in Philadelphia, stand vor einer Bürotür in einem alten Gebäude und studierte das Messing-

* Die Botschaft »Long Time no see« entschlüsselt Gardner mit Hilfe des phonetisch gleichlautenden Satzes »Long Time no C«, der auf der Karte in Form eines Buchstabenrätsels mitgeteilt wird. So liest Gardner über »Lange Zeit kein C« die Mitteilung »Lange Zeit nicht gesehen«. (A. d. Ü.)

schild über der Klingel. Da stand: »Dr. Irving J. Matrix, Psychonumeroanalytiker«.

Als ich den Vorraum betrat, begrüßte mich Iva mit einem Lächeln, das bezaubernd wie immer war. Aber bevor ich noch Gelegenheit hatte, mehr als die nur üblichen Begrüßungsfloskeln mit ihr zu wechseln, führte sie mich auch schon in das Allerheiligste des Doktors und verschwand lautlos. Im Halbdunkel des Raumes nahm ich die Umrisse einer großen Gestalt wahr, die sich hinter dem gewaltigen und mit einer Marmorplatte bedeckten Schreibtisch erhob. Es war Dr. Matrix.

»Schön, Sie wiederzusehen, Gardner«, begrüßte er mich mit einem starken, fast überzeugend wirkenden Wiener Akzent. Außerdem hatte er sich inzwischen einen kleinen Spitzbart von rötlich-brauner Farbe zugelegt, der an seinem Kinn wie ein Dreieck hing. Ein Kneifer klemmte auf seiner Hakennase und durch die Gläser, vermutlich aus Fensterglas, funkelten seine smaragdgrünen Augen voll unergründlichem Humor.

Glaubte er etwa ernsthaft an die Grundlagen seiner neuen Profession? Wenn nicht, so ließ er es sich während unserer Unterhaltung jedenfalls nicht anmerken. Allerdings klang vieles von dem, was er über seine Techniken erzählte, erstaunlich plausibel. Seine Arbeit, so erklärte er mir, stehe in der analytischen Tradition der Freudschen Lehre vom Unbewußten, wobei natürlich im Zentrum seiner Analysen das unbewußte Wissen vom symbolischen Gehalt der Zahlen und Buchstaben stehen würde. Und diese Theorie verbindet er mit therapeutischen Methoden, die er aus der russischen Psychiatrie übernommen hat. In seinen Anfängen sei Freud auf dem richtigen Weg gewesen, behauptete Dr. Matrix, in jener Zeit, als er die zahlenmystischen Theorien seines

Freundes Wilhelm Fließ wirklich erntst genommen hat.*
»Unglücklicherweise«, sagte Dr. Matrix und richtete seinen Kneifer, »war Freud nach eigenen Aussagen ein kläglicher Mathematiker, und so waren seine Versuche einer zahlenmystischen Analyse entweder trivial oder absurd. Erinnern Sie sich an seine Erklärung der Zahl 2467?«
Ich nickte. Freud hatte an Fließ geschrieben, daß er die Korrekturen seiner *Traumdeutung* abgeschlossen habe und nichts mehr an dem Werk ändern werde, »möge es auch 2467 Fehler enthalten«. Bevor er den Brief abschickte, fragte sich Freud, warum ihm ausgerechnet diese Zahl, scheinbar wahllos, in den Sinn gekommen sei: »Nun gibt es aber nichts Willkürliches, Undeterminiertes im Psychischen«, schrieb er im berühmten Postscriptum des Briefes. Im weiteren Verlauf seiner Analyse führt Freud die Gründe an, welche nach seiner Theorie des Unbewußten die Zahl 2467 determiniert haben. Diese Analyse hat er später im letzten Kapitel seiner Abhandlung *Zur Psychopathologie des Alltagslebens* in einem Abschnitt über die Bedeutung der Zahlen zitiert.
»Freuds Erklärung der 2467«, wandte ich ein, »schien mir allerdings schon immer weit hergeholt.«
»Sie ist völlig aus der Luft gegriffen«, stimmte Dr. Matrix mir zu. »Hätte Freud nur etwas von Zahlentheorie verstanden, hätte er doch bemerkt, daß 2467 eine Primzahl ist. Er

* Fließ war ein Berliner Hals-, Nasen- und Ohrenarzt, der von den Zahlen 23 und 28 förmlich besessen war: Er machte sie zur Grundlage einer Zyklentheorie, die er auf alle Phänomene anwandte, von der Nase bis zum Sonnensystem. Fast ein Jahrzehnt lang waren Freud und er durch eine tiefe, merkwürdig neurotisch gefärbte Freundschaft verbunden. In meiner Kolumne des *Scientific American* habe ich im Juli 1966 einen Bericht über diese Zahlenmystik des Dr. Fließ und ihre Modifikationen durch zeitgenössische Adepten veröffentlicht.

hatte gerade sein bedeutendstes Buch beendet. Es war sozusagen das *Prim*-Jahr seines Lebens. Ein Jahr hat 365 Tage, was liegt da näher, als die 365. Primzahl herauszugreifen: 2467?«*

»Aber«, gab ich zu bedenken, »wenn Freud so unbedarft in Mathematik war, wie Sie sagen, wie konnte sein Unbewußtes dann die 365. Primzahl herausfinden?«

»Sie vergessen, mein lieber Gardner, das *kollektive* Unbewußte, das Jung in seinem Werk so brillant dargestellt hat. Primzahlen, die Bausteine der ganzen Zahlen, sind tief eingraviert in das kollektive Gedächtnis der menschlichen Spezies. Die Macht unseres Unbewußten über Zahlen und andere Symbole und deren Manipulation ist weit größer als selbst Jung und seine Schüler es sich haben träumen lassen.«

Dr. Matrix griff nach einem Buch auf seinem Schreibtisch – ein Exemplar von *The Scientist Speculates: An Anthology of Partly-Baked Ideas* (Basic Books, 1962) – und schlug die Seite 331 auf.

Auf dieser Seite behandelt I.J. Good, Mathematiker am Trinity College in Oxford, die Frage, warum der Raum drei Dimensionen hat. »Ein naheliegender Versuch, dieser Frage auszuweichen«, schreibt Good in einer Passage, die Dr. Matrix angestrichen hatte, »wäre etwa die Behauptung,

* Es ist vielleicht erwähnenswert, daß ein Patient des Psychoanalytikers Jung einmal von der 367. Primzahl, 2477, geträumt hat. Jungs absurde Analyse über die Bedeutung dieser Zahl hantiert nicht nur mit dem Geburtsdatum des Patienten herum, sondern benutzt auch die Daten seiner Frau, seiner Geliebten, seiner Mutter und seiner beiden Kinder; hinzu kommt dann noch sein Alter, das Alter seiner Geliebten und dergleichen Dinge mehr. Erschienen ist diese Analyse in seinem Aufsatz »Ein Beitrag zur Kenntnis des Zahlentraumes« im *Zentralblatt für Psychoanalyse* 1910/11, S. 567ff.

eine so niedrige Zahl wie 3 bedarf keiner Erklärung. Eine Erklärung wäre eher erforderlich, wenn die Zahl der Dimensionen 32650494425 wäre.«

»Warum nun«, fragte Dr. Matrix, indem er sich zurücklehnte und seinen Kneifer abnahm, »kam Good ausgerechnet *diese* Zahl in den Sinn?«

Ich mußte etwas kichern, als er mir zeigte, wie einfach es ist, Goods Zahl zu erhalten. Der Leser ist aufgefordert, seine analytischen Fähigkeiten an dieser Frage zu versuchen – er hat dreißig Minuten Zeit, bevor er die Antwort am Ende des Buches nachschlagen darf.

Dr. Matrix erläuterte mir nun, daß eine seiner diagnostischen Techniken darin bestehe, den Patienten in einem verdunkelten Raum und bequem auf dem Rücken liegend frei assoziieren zu lassen, während einzelne bunte Zahlen an die Decke projiziert werden. »Letzte Woche hatte ich einen Patienten«, erzählte er mir, »der jedesmal, wenn eine grüne Vier erschien, ungewöhnlich erregt wurde. Ich fand heraus, daß er Geld, grünes Zeug, aus der Registrierkasse des Ladens, in dem er arbeitet, entwendet. Sein Über-Ich geriet durch die symbolische Ehrlichkeit der Vier in Unruhe.«

»Ihre *Ehrlichkeit?*«

»Ja. Vier ist die einzige von allen unendlichen Zahlen, die genau die Anzahl der Buchstaben ihres Namens angibt.«*

Ein anderer Test, ebenfalls eine Erfindung von Dr. Matrix, bestand darin, dem Patienten zehn große Karten mit den Zahlen von 0 bis 9 zu geben und sie zu einer beliebigen zehnstelligen Zahl ordnen zu lassen. Er schilderte den Fall einer Patientin mit dem ungewöhnlichen Namen Aniba Di Figby.

* Kommentare von Lesern meiner *Scientific American*-Kolumne zu dieser Bemerkung finden Sie am Schluß der Antworten zu diesem Kapitel.

Verwendet man den bekannten Code A = 1, B = 2 und so weiter, so wird ihr Name zur Reihe 114921, 49 und 697225, alles Quadratzahlen. Darüber hinaus war sie stolz auf ihre Idealmaße 36–25–36 Inches, ihre Größe betrug 64 Inches und sie war im Jahr der Quadratzahl 1936 geboren. Zu allem Unglück dachte Miss Figby auch noch, sie sei in ihren Bewegungen graziös wie eine Gerte, dabei machte sie eher einen etwas vierschrötigen Eindruck. Deshalb war Dr. Matrix auch keineswegs überrascht, als sie die zehn Karten zur Reihe 9814072356 ordnete, dem größten Quadrat, das man aus zehn Zahlen bilden kann. Seine Quadratwurzel 99066 ist selbst schon interessant genug, wie Dr. Matrix aufzeigte: Auf den Kopf gestellt erscheint sie nämlich unverändert.
»Ein anderer Patient war ein Geschäftsmann«, fuhr Dr. Matrix fort, »dessen Lebensinhalt darin bestand, den Profit seiner Firma zu vermehren. Sein Unbewußtes sorgte dafür, daß er die zehn Karten nach dem folgenden Schema angeordnet hat: Zieht man zwischen zwei bestimmten Karten einen Trennungsstrich, so addieren sich die Karten links und rechts der Linie zu zwei Summen, die miteinander multipliziert das größtmögliche Produkt ergeben. Sie könnten Ihre Leser auffordern, die zwei Zahlen herauszufinden.«
»Ausgezeichnet«, sagte ich, als Dr. Matrix mir eine sehr intelligente Methode zeigte, wie die Lösung einfach zu finden ist.
»Ihre Leser haben vielleicht auch Lust, die vom Unbewußten bestimmte Ordnung hinter *dieser* Zahl zu untersuchen.« Dr. Matrix machte eine Pause, um seinen Kneifer wieder aufzusetzen, und schrieb 8549176320 in mein Notizbuch. »Der Vorname der Frau, die dieses Arrangement der zehn Zahlen produziert hat, ist Betty. Als weiteren Schlüssel können Sie die Tatsache nehmen, daß sie unter einem Ord-

nungszwang leidet, ein Zwang, der ein Ventil auch in ihrem Beruf findet; sie stellt Indexe für einen großen Fachbuchverlag in Manhattan her.«

Jede geträumte Zahl, unterstrich Dr. Matrix mit Nachdruck, ist von besonderer Bedeutung in der Psychonumeroanalyse, doch der Analytiker muß ingeniös und flexibel sein, will er die Zahl richtig interpretieren. Dr. Matrix hatte keine besonders hohe Meinung von Freuds Erklärungen der Zahlenträume in seinem Traumbuch, aber auch die späteren Versuche einer Interpretation durch Jung, Adler, Stekel und Jones machten ihm überhaupt keinen Eindruck.

»Kürzlich besuchte mich ein Prediger der Pfingstbewegung«, sagte er, »in dessen Träumen wiederholt die Zahl 7734 auftrat. Als ich ihn aufforderte, die Zahl niederzuschreiben und auf den Kopf zu stellen, gestand er mir plötzlich, daß er jahrelang unter der Vorstellung gelitten habe, seine religiösen Zweifel könnten ihn eines Tages noch um sein Seelenheil bringen. Aus Angst vor der Hölle hat die Traumzensur das Wort *hell* einfach auf den Kopf gestellt, so daß es dem Träumer als die Zahl 7734 erschienen ist. Ein ähnlicher Fall war ein Bostoner Finanzier, der mir seinen immer wiederkehrenden Traum von der Zahl 710 erzählte. Er hatte eine riesige Geldsumme bei der Investition in eine unrentable texanische Ölgesellschaft verloren. Das Reizwort OIL wurde in seinem Traum auf den Kopf gestellt, und mit dieser Zahl vor Augen konnte er beruhigt weiterschlafen. Ich bezweifle, daß Freud Zahlen wie diese in ihrer wahren Bedeutung hätte interpretieren können.«

Der Name der Stadt, in der man lebt, spielt ebenfalls eine bedeutende Rolle in der psychonumeroanalytischen Diagnose. Dr. Matrix berichtete mir, er habe einige Patienten aus Pleasantville *(pleasant* ist angenehm) im nördlichen

Westchester County, New York, die sich als besonders verwirrt zeigten durch den Kontrast zwischen dem Namen der Stadt und der Art des Lebens, das sie dort als Angestellte von *Reader's Digest* führten. Der Ausschluß von Juden in Bronxville im südlichen Westchester ist eindeutig eine heidnische Reaktion auf das Wort »Bronx« im Namen der Stadt. In Philadelphia, führte der Doktor weiter aus, werden Sie sehr schnell merken, daß man nicht gerade freundlich mit seinen Mitmenschen umgeht, und dies in einer Stadt, die mit dem Slogan »City of Brotherly Love« für sich als Stadt der Nächstenliebe Reklame macht.

Straßennamen spiegeln gleichfalls unbewußte Korrelationen wider. Kann es den geringsten Zweifel daran geben, so fragte er, daß die auffällige Häufung von psychischen Zusammenbrüchen unter New Yorker Werbefachleuten in Zusammenhang steht mit dem Wort »mad«, dieser verrückten Madison Avenue? Sie selbst, erinnerte er mich, wohnen in der Euclid Avenue. Und ob ich wisse, daß der Wahrscheinlichkeitsexperte William Feller in Princeton in der Random Road lebt, der Straße des Zufalls?

Auch der eigene Name und seine Initialen sind Grundsymbole der Psychonumeroanalyse. Nicht zufällig, betonte Dr. Matrix, sind die Initialen von Adam Clayton Powell die letzten drei Buchstaben von N. A. A. C. P., der National Association for the Advancement of colored Poeple. Welchen Einfluß hat die Tatsache, daß die Initialen von James Augustine Aloysius Joyce als Palindrom ein Beispiel seiner zwangshaften Wortspiele sind? Beeinflußten die palindromischen Initialen Herbert Clark Hoovers seine rückschrittliche Politik? Mußte Edgar Allan Poe einer der größten amerikanischen Dichter werden, weil ein einziger Buchstabe genügt, aus ihm einen Poeten zu machen? Und hat

denn die Poesie dem Poe nicht zu seinem *T* verholfen?
Dr. Matrix erzählte, er habe einmal eine Frau mit dem Mädchennamen Mary Belle Byram behandelt. Alles, was sie tat, packte sie von hinten an. Natürlich hatte sie keine Ahnung, erst Dr. Matrix machte sie darauf aufmerksam, daß ihr vollständiger Name ein Palindrom ist. »Übrigens«, schloß Dr. Matrix, »war sie mit einem Offizier der Army verheiratet. Männer der Army übten immer eine Faszination auf Mary aus. Es kam ihr aber nicht der Verdacht, es könnte an dem Anagramm *Army* aus *Mary* liegen.«
Beim Durchblättern meiner Notizen stoße ich auf noch weitere überraschende Beispiele ähnlicher Wechselbeziehungen, die Dr. Matrix therapiert hat: Ein Mann namens Dennis zum Beispiel (rückwärts gelesen *sinned* = sündig) wurde von Schuldgefühlen gequält, weil er ein Verhältnis mit einem russischen Mädchen namens Natascha hatte: (rückwärts gelesen *ah, Satan)*. Ein halbwüchsiger Junge namens Stewart wollte unbedingt Baseballspieler werden, weil sein Name ein Anagramm von *swatter* (Schläger) ist. Eine attraktive unverheiratete Lehrerin mit dem Nachnamen Noyes hatte zahlreiche Heiratschancen vertan, weil sich ihr Name in *no-yes* spaltet, so daß sie sich nie für einen entscheiden konnte. Liest man das *yes* rückwärts, so ergibt sich das Wort *nosey* (neugierig), woraus sich ihre Vorliebe für boshaften Klatsch über ihre Kolleginnen erklärt. Ein junger Mann namens Andrew wurde zum Herumtreiber, unbewußt angetrieben durch die Tatsache, daß Andrew ein Anagramm von *wander* (wandern) ist. Einem Jungen namens Cyril war sein Zwang, Lyrik zu produzieren, schleierhaft. Ein Künstler namens Bernard malte in jedes seiner Landschaftsbilder eine rote Scheune *(red barn)*.
Verleger, versicherte mir Dr. Matrix, haben die unbewußte

Tendenz, Autoren unter Vertrag zu nehmen, deren Namen Anagramme des Verlagsnamens sind. Er zitierte den Fall Selden Rodman, der eine Lyrikanthologie für den Random House Verlag herausgegeben hatte; und Robert Gover, dessen Bücher bei Grove Press erscheinen. »Sie verstehen nun«, sagte er, »warum Salvador Dali seine Autobiographie bei Dial Press erscheinen ließ.«

In meinen Notizen finde ich auch Fälle über die oft unbewußte Wechselbeziehung von Namen und Verhaltensweisen berühmter Leute, die Dr. Matrix mir genannt hat. Nicht zufällig, sagte er, wurde Hetty Green zum größten Finanzier der Nation im neunzehnten Jahrhundert (also zum Sammler des »grünen Zeugs«); nicht zufällig war der Neurologe Lord Braun (er starb 1966) Englands bedeutendster Gehirnspezialist; nicht zufällig hatte Jerald Carl Brauer, der Dekan der theologischen Fakultät an der Universität von Chicago, die Initialen J.C.; nicht zufällig war der Psychiater, der zusammen mit Norman Vincent Peale die »minister's psychiatric clinic« gegründet hatte, der kürzlich verstorbene Smiley Blanton; nicht zufällig bewunderte Lyndon Johnson die Kunst von Norman Rockwell, denn Rockwells politische Ansichten liegen zwischen den Extremen Rockwell Kent auf der Linken und George Rockwell auf der Rechten; nicht zufällig wurde Norman Mailers Vater I.B. Mailer aus Brooklyn Buchhalter, denn seine Initialen waren *I.B.M.*

Eine amüsante Episode betrifft einen Patienten namens Smith. Er wollte sich von Dr. Matrix Rat holen, wie er seine chronische Verstopfung heilen könne. Äußerst verärgert über diese Zumutung, schließlich hätte der Mann gleich zu einem Mediziner gehen sollen, verordnete ihm Dr. Matrix eine Radikalkur. Der Mann sollte nach Hause gehen und irgendeine dreistellige Zahl notieren, wobei die Differenz zwischen der ersten und der letzten Ziffer mindestens 2 betragen mußte. Dann sollte er diese Zahl umkehren (d.h. die Ziffern in umgekehrter Reihenfolge aufschreiben) und die kleinere der beiden Zahlen von der größeren subtrahieren. Das Ergebnis mußte wieder umgekehrt werden, aber diesmal sollten die beiden Zahlen addiert werden. Die Endsumme, erklärte Dr. Matrix dem Patienten, wäre ein vierstelliger Code, der ihm sagen würde, was er zu tun habe. Die Ziffern sollten mit folgendem Schlüssel, den Dr. Matrix auf eine Karte schrieb und dem Mann aushändigte, dechiffriert werden:

S	M	I	T	H
1	2	3	4	5
6	7	8	9	0

Hat der Leser die Aufgabe schon gelöst?

Dr. Matrix sprach auch über die subtilen Sexualsymbole, die ziemlich unverhüllt in den Namen der begehrten Filmstars erscheinen. Es genügt ein Buchstabe, und aus dem Namen Jean Harlow wird *harlot* (Hure). Es genügt ein Buchstabe, und aus dem Namen Ursula Andress wird *undress* (unbekleidet). Unter allen Großbuchstaben sind *M* und *B* am ehesten als ein Busensymbol zu deuten. So ist es gewiß kein Zufall, sagte Dr. Matrix, daß die Namen Marilyn Monroe und Brigitte Bardot die Initialen *M.M.* und *B.B.* haben. Der Symbolgehalt der Buchstaben wird durch ihre Verdoppelung noch verstärkt. Beachten Sie außerdem, daß diese Buchstabenpaare die Konsonanten für *Mama* und *Bébé* stellen.

Ich wünschte, ich hätte mehr Platz, um von einigen Erfahrungen zu berichten, die Dr. Matrix in seiner Praxis mit der verborgenen Bedeutung von Telefonnummern, Sozialamtnummern, Führerscheinen, Adressen, Postleitzahlen und Rote-Kreuz-Nummern gemacht hat. Ich kann auch keine Details über seine Therapie der bedingten Relfexe geben, nur kurz skizzieren. Die Methode besteht darin, daß dem Patienten auf der Couch beim Aufleuchten bestimmter Wörter und Zahlen an der Decke Elektroschocks verabreicht werden. Der Patient muß dabei die aufleuchtenden Wörter und Zahlen laut vorlesen. Nach einer Serie von zweiunddreißig solcher Schocks folgt eine Periode der Schockerholung, in der Wörter und Zahlen entgegengesetzter symbolischer Bedeutung projiziert und nachgesprochen werden.*

Die letzte Eintragung in meinem Notizbuch verzeichnet eine bemerkesnwerte Eigenschaft des Namens von Präsident Johnson. Wie Dr. Matrix erzählte, wurde sie kürzlich von seinem Freund Harry Hazard aus Princeton, New Jersey, entdeckt, und er hat mir die Ehre der Erstveröffentlichung überlassen. Schreibt man Johnsons Namen als Multiplikationsaufgabe:

$$\begin{array}{r} \text{LYNDON} \\ \text{B} \\ \hline \text{JOHNSON,} \end{array}$$

* Interessierten Lesern, die näheres über diese neue »behavioral psychotherapy«, von der Dr. Matrix sich seine Pawlowschen Schocktechniken entliehen hat, wissen wollen, empfehle ich die folgenden Artikel: »Behavioral Psychotherapy« von Albert Bandura im *Scientific American* vom März 1967 und *Freudians Are Wrong, the Behaviorists Say – A Neurosis Is ›Just‹ a Bad Habit* von Morton M. Hunt im *New York Times Magazine* vom 4. Juni 1967. Die Bibliographie zu Banduras Artikel weist neuere Bücher nach, in denen diese Technik verteidigt wird.

so gibt es nur eine einzige Möglichkeit, die Buchstaben durch Zahlen zu ersetzen, will man eine korrekte mathematische Form erhalten. Die Lösung ist eine weitere angenehme Übung, die ich dem Leser überlasse.
Beim Hinausgehen blieb ich an Ivas Schreibtisch stehen, um ihr einige Fangfragen zu stellen, die ich von Kirby Baker, einem Mathematiker in Harvard, habe.
»Ich habe zwei Fragen«, sagte ich, »jede ist mit ja oder nein zu beantworten. Doch vorher müssen Sie mir versprechen, ehrlich zu antworten, wenn sie beide gehört haben.«
Ivas wunderschöne Augen blickten etwas fragend, aber sie schien dennoch amüsiert. »Einverstanden. Fragen Sie.«
»Die erste Frage: Wollen Sie heute Abend mit mir essen gehen? Die zweite Frage: Beantworten Sie diese Frage genauso wie die erste Frage?«
Das arme Mädchen saß in der Falle. Sie konnte auf die erste Frage nicht nein sagen, denn dann konnte die zweite Frage nicht ehrlich mit einem Ja oder Nein beantwortet werden. So mußte sie wohl oder übel zu beiden Fragen ja sagen. Aber sie trug es mit Fassung und wir genossen in der gemütlichsten Hauptstadt der Vereinigten Staaten einen gemütlichen und unterhaltsamen Abend.
Einige Wochen später fesselte mich ein Bericht in der *New York Times*. Eine reiche Witwe der Philadelphischen High Society hat nach ihrem Tod dem psychonumeroanalytischen Institut eine Schenkung von lumpigen 50000 Dollar vermacht. Als die Geschichte der Presse bekannt wurde, war Dr. Matrix bereits im Besitz dieses Geldes. Der *Philadelphia Inquirer* schickte einen Reporter, um ihn als Direktor des Instituts über die Verwendung der Summe zu befragen. Der Reporter kam zu spät. Die Büroräume waren leer. Dr. Matrix, Iva und das Mobiliar waren verschwunden.

KAPITEL VIII

Dr. Matrix am Wordsmith College

Seit einem Jahr waren Dr. Matrix und seine Tochter Iva mit der Schenkung von 50 000 Dollar an das von ihm geleitete psychonumeroanalytische Institut aus Philadelphia verschwunden, und weder mir noch der Polizei war es in der Zwischenzeit gelungen, ihren momentanen Aufenthaltsort ausfindig zu machen. Für gewöhnlich meldete sich Iva ja nach einiger Zeit mit einer verschlüsselten Botschaft bei mir. Und so blieb ich auch diesmal ständig in Alarmbereitschaft. Eines Tages erhielt ich eine gedruckte Ankündigung von zwölf öffentlichen Vorlesungen über »Kombinatorische Aspekte in der englischen und amerikanischen Literatur«, die jeden Freitagabend im Shade Auditorium des Wordsmith College in New Wye, im Staate New York, stattfinden sollten. Als Dozent wurde ein Professor T. Ignatius Marx von der mathematischen Fakultät vorgestellt. Der Beitrag pro Vorlesung betrug 3 Dollar, für das ganze Semester 25 Dollar. Die wöchentlichen Sitzungen hatten folgendes Programm:

1. Das Akrostichon-Gedicht
2. Das Palindrom-Gedicht
3. Wörter unter Wörtern und Verse des Zufalls
4. Makkaronische Dichtung und Patchwork-Verse
5. Nonsens-Verse von *Jabberwocky* bis Gertrude Stein
6. Lipogramm, Anagramm, Pangramm
7. Das Komma im Frack und andere Verstöße gegen die Interpunktion

8. Ein Schlüssel für die Nomenklaturen in *Gullivers Reisen,* die Bücher *Oz* und andere Berichte über Phantasieländer
9. Lawrence Durrel und die Zahl 4
10. Vladimir Nabokov und »Stinky Pinky«
11. Dechiffrierung der Ten Thunderclaps in *Finnegans Wake*
12. Poesie aus dem Computer

Wer, zum Teufel, ist dieser T. Ignatius Marx?, fragte ich mich. Bis mir plötzlich ein Licht aufging: »T. I. Marx« ist ein Anagramm von »Matrix«! Wahrscheinlich hat er falsche Papiere und Referenzen, gibt sich als Mathematiker aus, und die Leitung des Wordsmith Colleges hat diese Maskerade nicht durchschaut.

Die Anzeige kam per Eilboten am späten Freitagnachmittag an, dem Tag der ersten Vorlesung. Ich ließ alles stehn und liegen und fuhr gen Norden nach New Wye in den unteren Catskills. Zum Glück war ich sehr zeitig dort, denn das Shade Auditorium war im Nu bis auf den letzten Platz besetzt. Marx war tatsächlich Dr. Matrix, obwohl ich gestehen muß, daß ich ihn nicht gleich erkannt habe, als er das Podium betrat. Der rötlich-braune Spitzbart, den er in Philadelphia noch getragen hatte, war verschwunden. Dafür ragte seine bedeutende Nase jetzt über einen flotten Schnurrbart. Offensichtlich trug er auch Kontaktlinsen, denn seine grünen Augen strahlten in leuchtendem Blau.

»Am Anfang war das Wort«, begann er seine Vorlesung mit einem knappen britischen Akzent. »Was ist ein Wort? Es ist eine Kombination von Klängen, die zivilisierte Kulturen durch die Kombination von Buchstaben darzustellen wissen. Was ist ein Gedicht? Es ist eine Kombination von Wörtern, die nicht nur nach ihren semantischen Gesetzen, sondern auch nach ihrem melodischen Gehalt ausgewählt werden. Wie Ramón Lull im dreizehnten Jahrhundert so richtig erkannt hat, ist der Poet wie der Maler und Musiker auch nur ein kunstfertiger Kombinator. Das Reimwörterbuch ist nicht anders als nach den Gesetzen der Lullianischen Kombinatorik aufgebaut. Mit oder auch ohne die Hilfe eines solchen mechanischen Kompendiums muß der Poet alle Wortkombinationen, die in Frage kommen, durchspielen, bis er endlich ein Muster findet, das seinen ästhetischen Vorstellungen entspricht und ihn auch befriedigt. Ein gutes Gedicht ist wie das magische Quadrat oder auch das Kreuzworträtsel eine Übung in der großen Lullianischen Kunst des kombinatorischen Denkens. Ein Wörterbuch gleicht einer Schachtel, in der abertausend Glasstücke unterschiedlicher Größe, Form und Farbe deponiert liegen. Von solch einem Wortmosaik sprechen diese Verse des amerikanischen Poeten Jack Luzzato:

> Wörter in ordentlicher Unordnung warten
> Starr im Register wie Leichen prosaisch geordnet
> Auf ihn, den Dichter, der mit seinem Atem sie
> Beseelt und um ihr Leben betet in seinem Gedicht.*

Um den ästhetischen Wert seiner Arbeit zu erhöhen, fuhr Dr. Matrix fort, stehen dem Poeten noch andere bemerkenswerte kombinatorische Muster zur Verfügung als der Reim. Etwa das Akrostichon, bei dem die Anfangsbuchstaben der Zeilen von oben nach unten gelesen einen Sinn ergeben. Es ist dies vielleicht die älteste Form dessen, was Dr. Matrix als »meta-ästhetisches Versspiel« bezeichnete. Die frühesten, noch unbeholfenen Beispiele, erklärte er,

* Dies ist die letzte Strophe von »Dictionary«, einem Gedicht in zwei Stanzen, das am 25. Juli 1958 in der *New York Times* erschienen ist.

finden sich im Alten Testament, wo neun Psalmen »alphabetische Akrostichen« bilden, d.h. als Anfangsbuchstaben jeder Strophe erscheinen die hebräischen Buchstaben in alphabetischer Reihenfolge.*

Auch die vier ersten der fünf Gedichte der Klagelieder, sagte Dr. Matrix, sind Akrostichen dieser Art, ebenso das Gedicht in den Sprüchen Salomons 31, Vers 10 bis 31, das die Tugenden eines guten Weibes aufzählt.

Dr. Matrix nahm einen Zeigestock zur Hand, der am Vortragspult lehnte, und klopfte damit auf den Boden. Bevor das Licht ausging, schaute ich mich noch schnell um, vielleicht konnte ich sehen, wer den Projektor betätigen würde, der im Mittelgang aufgestellt war. Und wirklich, ja, Iva war da! Ihr ausgeprägtes eurasisches Gesicht war ohne jedes Make-up. Sie hatte sich das Aussehen einer Studentin zugelegt; ihr dunkles Haar fiel offen über ihre Schultern, sie trug einen grauen Sweater, rote Stiefel und einen Minirock aus Tweed, der ein wohlgeformtes Paar Knie sehen ließ. Wie ich später erfuhr, hatte sie die Grundkurse in Mathematik und Musik am College belegt.

Als es dunkel war, erschien auf der Leinwand die Projektion der ersten Strophe des berühmten 119. Psalms in der hebräischen Originalfassung. Mit Hilfe seines Zeigestockes lenkte Dr. Matrix die Aufmerksamkeit seiner Zuhörer auf die Tat-

* In *Finnegans Wake* ist James Joyce nach seinen eigenen Worten oft in »ABC-Stimmung«. An zwei Stellen zitiert er das ganze Alphabet: »Ada, Bett, Celia ... Xenia, Yva, Zulma«, und »apple, bacchante, custard ... xray, yesplease, zaza.« Es gibt Dutzende von Beispielen, wo er sich auf Teile des Alphabets beschränkt. Zum Beispiel: »Arty, Bert or Possibly Charley Chance«, und »Arm bird colour defdum ethnic fort perhaps?« Vergleiche Bernard Benstocks Abhandlung *Joyce-Again's Wake* (University of Washington Press, 1965), Seite 28 und Fußnote auf Seite 19f.

sache, daß jeder der acht Verse dieser Strophe mit dem Buchstaben Alef beginnt. Dann wurde die zweite Strophe auf die Leinwand projiziert, um zu zeigen, daß jeder ihrer acht Verse mit dem Buchstaben Bet beginnt. Die acht Verse der dritten Strophe beginnen mit Gimel, und so geht es weiter durch die 22 Buchstaben des alten hebräischen Alphabets bis zu Taw, dem letzten Buchstaben.*

Als es im Saal wieder hell geworden war, erklärte Dr. Matrix, daß es die Griechen und die Römer gewesen waren, die als erste mit Wort- und Satzakrostichen gearbeitet hätten. Er zitierte zahlreiche Beispiele, die er jeweils an Hand eines Dias erläuterte. Die prophetischen Verse der Sibyllen, es handelt sich dabei offenbar um ältliche Damen, die im Zustand vermeintlich religiöser Raserei Hexameter deklamierten, waren häufig Akrostichen. Cicero hat in seinem Buch *Über das Wesen der Götter* die These vertreten, diese akrostische Form sei Beweis genug, daß die sibyllinischen Verse keine spontanen Ausbrüche, sondern sorgfältig und kalkuliert durchkomponierte Reaktionen waren. Das berühmteste Beispiel eines solchen Akrostichons, eröffnete uns Dr. Matrix, findet sich bei der erythräischen Sibylle, die in den Augen vieler Gelehrter identisch ist mit jener Sibylle, die den Aeneas im 6. Buch der *Aeneis* in die Unterwelt

* Das bekannteste englische alphabetische Gedicht ist *The Siege of Belgrade,* das so beginnt:

An Austrian army, awfully arrayed,
Boldly by battery besieged Belgrade;
Cossack commanders cannonading come,
Dealing destruction's devastating doom;

Zu diesen Versen und anderen Beispielen englischer Alphabetgedichte vergleiche William S. Walsh, *Handy-Book of Literary Curiosities* (Lippincott, 1904), Seite 38–40, und Charles Carroll Bombaugh, *Oddities and Curiosities of Words and Literature* (Dover, 1961), Seite 34–37. Beide Bücher geben generell über das Akrostichon Auskunft.

führt. Der griechische Text wurde nun neben einer lateinischen Übersetzung von Augustinus, die in Buch 18 seiner Schrift *De civitate Dei* steht, auf die Leinwand projiziert. Mit dem Zeigestock wies Dr. Matrix darauf hin, daß die Anfangsbuchstaben der griechischen Zeilen die fünf Wörter

'Ιησους Χριστος Θεου Υιος Σωτηρ,

bilden, die zu übersetzen sind mit »Jesus Christ, der Sohn Gottes, der Heiland«.

Aber damit nicht genug. Die fünf Anfangsbuchstaben dieser fünf griechischen Wörter ergeben ein zweites Akrostichon, ιχΘυς, das griechische Wort *ichthus,* »Fisch«. Daraus erklärt sich, nach den Worten von Dr. Matrix, daß der Fisch schon frühzeitig zu einem so populären Symbol für Christus hat werden können. Nicht nur auf den zahlreichen Gedenksteinen in den römischen Katakomben wurde dieses Symbol des Fisches eingemeißelt, noch in der mittelalterlichen Malerei ist der Fisch ein oft zitiertes Symbol. Über den Wahrheitsgehalt dieses Symbols hat Augustinus geschrieben: »Jesus konnte ohne Sünde leben, das heißt im Abgrund der Vergänglichkeit existieren, wie in der Tiefe der Wasser.«

In einer schnellen Abfolge von Dias zeigte Dr. Matrix dann viele Beispiele von Akrostichen aus der Zeit des Mittelalters und der Renaissance, unter anderem die in Frage kommenden Passagen des fünften akrostischen Cantos von Giovanni Boccaccio. Er zeigte außerdem einige der sechsundzwanzig anmutigsten Akrostichen (die jedesmal die Wörter »Elisabeth Regina« ergeben) im *Hymns to Astraea,* ein Buch des philosophischen Poeten Sir John Davies aus dem Jahre 1599, und einige der 420 Akrostichen auf berühmte Leute aus dem 1637 erschienenen Werk *Fame's Roule* von Mary

Frege. Es folgte eine Anzahl barocker Beispiele unbedeutender elisabethanischer Poeten. Bei einigen liefen die akrostischen Buchstaben in umgekehrter Reihenfolge, bei anderen lief ein Name durch die Mitte der Zeilen oder tauchte am Anfang und am Ende gleichzeitig auf.
Nach der elisabethanischen Periode, fuhr Dr. Matrix in seinem Vortrag fort, geriet das englische Akrostichon in Verruf. Joseph Addison sah sich außerstande, wie er in Band 60 des *Spectator* schrieb, zu entscheiden, wer der größere Dummkopf gewesen sei, der Erfinder des Akrostichons oder der Erfinder des Anagramms. Samuel Butler beschrieb in seinem »Character of a Small Poet« den Verfasser von Akrostichen als jemanden, der »gleich einem Maurer zuerst die Außenwände seiner Verse hochzieht, mit Akrostichen und Reimen, und die Mitte dann mit allerlei Unsinn auffüllt«. Unter den vielen Akrostichen der Romantiker hält Dr. Matrix das Gedicht von Keats auf den Namen seiner Schwägerin Georgiana Augusta Keats für das bedeutendste:

Give me your patience, sister, while I frame
Exact in capitals your golden name;
Or sue the fair Apollo and he will
Rouse from his heavy slumber and instil
Great love in me for thee and Poesy.
Imagine not that greatest mastery
And kingdom over all the realms of verse,
Nears more to heaven in aught, than when we nurse
And surety give to love and brotherhood.
Anthropophagi in Othello's mood;
Ulysses stormed, and his enchanted belt
Glow with the Muse, but they are never felt
Unbosomed so and so eternal made,
Such tender incense in their laurel shade

To all the regent sisters of the time
As this poor offering to you, sister mine.
Kind sister! aye, this third name says you are;
Enchanted has it been the Lord knows when;
And many it taste to you like good old wine,
Take you to real happiness and give
Sons, daughters, and a home like honeyed hive.

Lewis Carroll schrieb mit leidenschaftlichem Eifer Akrostichen aus den Namen seiner kleinen Freundinnen. Dr. Matrix zitierte einige von Carrolls Widmungsgedichten *(The Nursery Alice, The Game of Logic* und *A Tangled Tale),* bei denen jeweils die zweiten Buchstaben jeder Zeile, mit Ausnahme der ersten, den Namen des angesprochenen kleinen Mädchens ergaben. Jedoch vertrat er, ganz meiner Meinung (in *The Annotated Alice*), die Ansicht, daß Carrolls bestes Akrostichon das Schlußgedicht in *Through the Looking-Glass,* Alice hinter den Spiegeln, sei, bei dem die Anfangsbuchstaben jeder Zeile den Namen der wahren Alice bilden. Von amerikanischen Autoren wählte Dr. Matrix James Branch Cabell als talentierten Schreiber von Akrostichen aus, dessen typische Merkmale er an Hand des Widmungsgedichtes aus seinem Roman *Jürgen* aufzeigte (das Akrostichon bildet den Namen des Kritikers Burton Rascoe) sowie an Hand des letzten Gedichts seiner *Sonnets from Antan* (1929), das die Zeile »This is nonsense« ergibt (Dies ist Unsinn). Als Beispiele der buntschillernden und nicht ganz strengen Akrostichen (die ich hier nicht wiederholen werde), präsentierte Dr. Matrix die amüsante akrostische Attacke des Dichters Rolfe Humphries auf Nicholas Murray Butler (abgedruckt in der Zeitschrift *Poetry* unter dem Titel »Draft Ode for a Phi Beta Kappa Occasion«) und »A Recollection« von Seite 71 aus *The Collected Poems of John Peale Bishop*.

Und nun rezitierte Dr. Matrix die Verse des folgenden Gedichts, das er das beste Akrostichon nannte, das ein amerikanischer Poet gemacht hat:

»Seldom we find«, says Solomon Don Dunce,
»Half an idea in the profoundest sonnet.
Through all the flimsy things we see at once
As easily as through a Naples bonnet –
Trash of all trash! – how can a lady don it?
Yet heavier far than your Petrarchan stuff-
Owl-downy nonsense that the faintest puff
Twirls into trunk-paper the while you con it.«
And, veritably, Sol is right enough.
The general tuckermanities are arrant
Bubbles-ephemeral and so transparent-
But *this* is, now-you may depend upon it –
Stable, opaque, immortal – all by dint
Of the dear names that lie concealed within't.

Der vollständige Name der besungenen Dame wurde auf sehr unorthodoxe Weise im Gedicht versteckt. Ob der Leser ihn entdeckt und auch den Dichter identifizieren kann?

Dr. Matrix präsentierte im weiteren Verlauf seiner Vorlesung auch ein etwas ausgefallenes akrostisches Gedicht, auf das ihn, wie er sagte, sein alter Freund Dmitri Borgmann, der Wortspielexperte aus Oak Park in Illinois, aufmerksam gemacht hatte:

Perhaps the solvers are inclined to hiss,
Curling their nose up at a con like this.
Like some much abler posers I would try
A are, uncommon puzzle to supply.
A curious acrostic here you see

Rough hewn and inartistic tho' it be;
Still it is well to have it understood,
I could not make it plainer, if I would.

Dies Gedicht mit dem Titel »Maude« erschien am 29. September 1888 in *Weekly Wisconsin.* Ist der Leser in der Lage, die verborgenen Wörter herauszulesen, ohne gleich im Lösungskapitel nachzuschlagen? Das Wort »con« in der zweiten Zeile ist eine Kurzform von »contribution«.

Dr. Matrix hatte Verse von J.A. Lindon aus Addlestone in England, der als Verfasser von *light verse,* Nonsens-Versen, ein Experte auf dem Gebiet des Akrostichons war, ausgewählt, um an ihnen einige meta-ästhetische Muster zu demonstrieren. Lindons Gedicht »To Those Overseas« wurde auf die Leinwand projiziert:

A merry Christmas and a happy new year!
Merry, merry carols you'll have sung us;
Christmas remains Christmas even when you are not here,
And though afar and lonely, you're among us.
A bond is there, a bond at times near broken.
Happy be Christmas then, when happy, clear,
New heart-warm links are forged, new ties betoken
Year ripe with loving giving birth to year.

Es war leicht erkennbar, daß die erste Zeile dieses Gedichtes sich akrostisch im jeweils großgeschriebenen ersten Wort der nachfolgenden Zeilen wiederholte. Dr. Matrix zeigte jedoch außerdem ein zweites, höchst ungewöhnliches Muster, das Lindon auf eine ingeniöse Weise in sein Gedicht eingeflochten hatte. Auch dieses Muster wird erst im Lösungskapitel dieses Buches vorgestellt, damit der Leser die Chance hat, von selbst drauf zu kommen.

»Für die kombinatorischen Untersuchungen«, fuhr Dr. Matrix fort, »ist das nicht intendierte Akrostichon von weit größerem Interesse als das intendierte Akrostichon. Dies Gebiet ist im Grunde noch völlig unerforscht. Können Sie mir vielleicht das längste Wort nennen, das in Miltons *Paradise Lost* als Akrostichon erscheint? Oder in Popes *Essay on Man?* Oder in den Werken von Yeat, Eliot, Pound und Auden? In der King-James-Bibel?«

Dr. Matrix zeigte noch einige zufällig entstandene Akrostichen aus dem Neuen Testament. Eines davon gefiel mir besonders; es waren die drei Aufforderungen im Matthäus-Evangelium VII, Vers 7:

Ask, and it shall be given you;
Seek, and ye shall find;
Knock, and it shall be opened unto you.*

Da im Englischen Matthäus Matthew ist, verwies Dr. Matrix zu Recht auf die dreifache Wiederholung der Zahl sieben – zweimal als Ziffer, einmal als Buchstabenzahl des Wortes »Matthew«.

Noch bemerkenswerter ist freilich das folgende, zufällig entstandene Akrostichon. Wie Dr. Matrix erzählte, ist er zum erstenmal darauf gestoßen, als er die Druckfahnen eines Buches korrigierte, das 1967 bei Scribner erscheinen sollte: *Beyond Language* von Borgmann. Im III. Akt, 1. Szene des *Mittsommernachtstraums* spricht die Elfenkönigin Titania die folgenden Verse zu Zettel dem Weber:

Out of this wood do not desire to go:
Thou shalt remain here, wether thou wilt or no.
I am a spirit of no common rate;
The summer still doth tend upon my state;

* Bittet/ So wird Euch gegeben;
Suchet/ So werdet Ihr finden;
Klopfet an/ So wird Euch aufgetan.

And I do love thee; therefore, go with me.
I'll give thee fairies to attend on thee,
And they shall fetch thee jewels from the deep.

Die großen Buchstaben links am Rande ergeben »O Titania«. »Dies ist ganz sicherlich«, kommentierte Dr. Matrix, »das bedeutendste Beispiel eines nicht intendierten Akrostichons in der englischen Literaturgeschichte. Oder war es am Ende vielleicht doch nicht ohne Intention?«

Die Vorlesung war damit zu Ende. Das Licht ging wieder an, und die Zuhörer klatschten lange und freundlich Beifall. Ich begrüßte Iva und half ihr, den Projektor und die Kassette mit den Dias zu ihrem Auto zu tragen. Wir fuhren dann zu ihrem Vater, der sich im Außenbezirk von New Wye ein Haus gemietet hatte. Iva hatte den chinesischen Namen Iris Ho Toy angenommen, ein Anagramm ihres japanischen Nachnamens Toshiyori, und sie lebte allein in einem Apartment in der Nähe des Colleges. Niemand ahnt, erzählte sie mir, daß Professor Marx ihr Vater ist.

Die Karriere von Dr. Marx am Wordsmith College fand einige Wochen später, nach Abschluß seiner Vorlesungsreihe, freilich ein etwas abruptes Ende. In jener Vorlesung hatte er bekanntgegeben, daß er den Computer der mathematischen Fakultät auf moderne Lyrik programmiert habe. Alle Wörter des neuen *Random House Dictionary of the English Language* seien bereits im Gehirn des Computers eingespeichert, mitsamt den Kombinationsgesetzen, die nach einem intensiven Studium der Werke von zehn zeitgenössischen Dichtern erstellt worden waren. Der Computer produzierte in hundertfacher Kopie ein langes Poem, das, angemessen in Lederimitation eingebunden, von Professor Marx für 50 Dollar das Stück vertrieben wurde. Es war ein höchst beeindruckendes Stück Literatur, obwohl viele Reimpaare des

Gedichtes, so auch das folgende, etwas albern waren:

I've measured it from side to side;
'Tis three feet long, and two feet wide.*

Drei Wochen später entdeckte ein junger Dozent für Anglistik am Wordsmith College, daß das angeblich vom Computer produzierte Gedicht Wort für Wort übereinstimmte mit der Erstfassung des epischen Gedichts »The Thorn« von William Woodsworth. Zu dem Zeitpunkt, als dieser Schwindel entdeckt wurde, waren Dr. Marx und Miss Toy freilich längst schon über alle Berge.

* Ich hab es gemessen von Seit' zu Seit';
Es ist drei Fuß lang und zwei Fuß breit.

LÖSUNGEN DER AUFGABEN

KAPITEL I

1. Die Buchstaben OTTFFSSENT sind die Initialen der englischen Namen für die Kardinalzahlen von eins bis zehn. Mrs. Georgianna March, Redakteurin beim ***Bulletin of the Atomic Scientists,*** wies in einem Brief darauf hin, daß durch ein Vertauschen des ersten und letzten Buchstabens sich folgende Anordnung ergibt: TTTFFSSENO, die Anfangsbuchstaben der ersten zehn Vielfachen der Zahl zehn, von zehn bis einhundert: Ten, Twenty ... One Hundred. Auch auf die deutschen Zahlennamen läßt sich dies Schema übertragen: EZDVFSSANZ wird zu ZZDVFSSANE: Zehn, Zwanzig ... Einhundert.

2. Das von Dr. Matrix angeführte Additionsproblem ist eine Entdeckung von Alan Wayne, einem High-School-Lehrer für Mathematik in New York; sie erschien zum erstenmal 1947 auf Seite 413 in der August/September-Ausgabe des *American Mathematical Monthly*. Der verantwortliche Redakteur zitierte in seiner Einleitung vier Grundregeln, die für jede »reizvolle« Kryptorechnung gelten sollten:

1. Die Buchstaben sollen einen Sinn ergeben.
2. Alle Zahlen sollen benutzt werden.
3. Es darf nur eine Lösung geben.
4. Die Lösung soll durch logisches Denken und nicht durch unnützes und langwieriges Ausprobieren zu finden sein.

Waynes Kryptorechnung erfüllte alle vier Bedingungen. Die einzige Lösung ist:

```
 29786
   850
   850
 -----
 31486
```

Beachten Sie, daß sich die Summe nur durch eine Ziffer vom vierstelligen Dezimalwert der Zahl Pi unterscheidet.

Für Leser, die der genaue Lösungsweg einer Kryptorechnung interessiert, zitiere ich einen Brief von Monte Dernham aus San Francisco, der mir die anschaulichste Analyse des Wayneschen Problems geschickt hat:

»Aus der Wiederholung von TY in der ersten und vierten Zeile ergibt sich zwangsläufig Null für N und 5 für E, mit einem Additionsübertrag von 1 auf die Hunderterspalte. Die zwei freien Stellen von jedem TEN bedingen, daß der Buchstabe O in FORTY gleich 9 ist, mit einem zusätzlichen Additionsübertrag von 2 aus der Hunderterspalte. Woraus sich für I die Ziffer 1 der Zahl 11 ergibt und F plus 1 gleich S. Dabei bleiben 2, 3, 4, 6, 7 und 8 unbestimmt.

Da die Hunderterspalte (bestehend aus R plus 2T plus 1) gleich oder größer als 22 sein muß, müssen T und R je größer als 5 sein, und F und S sind auf die 2, 3 und 4 verwiesen. Nun ist X ungleich 3, anders könnten F und S nicht aufeinanderfolgende Zahlen sein. Daraus ergibt sich X gleich 2 oder 4, was, wie leicht herauszufinden ist, unmöglich ist, wenn T gleich oder kleiner als 7 ist. Deshalb setzen wir T gleich 8, R gleich 7 und X gleich 4. Daraus folgt F gleich 2 und S gleich 3. Der übrig gebliebene Buchstabe Y kann jetzt nur gleich 6 sein.«

KAPITEL II

1. Außer dem hier gezeigten magischen Quadrat gibt es nur noch ein weiteres, das nach den Zügen des Turms beim Schach verbunden werden kann. Es ist quasi das »Komplement« des bereits vorgestellten. Die Ziffern werden einfach durch ihre Differenz zu 10 ersetzt. Das Quadrat entsteht nach dem gleichen Spiralmuster wie das erste, nur zeigt sich diesmal die Zahlenfolge in umgekehrter Anordnung:

987
216
345

Bevor mich Dr. Matrix damit bekannt machte, hatte ich noch nie ein antimagisches Quadrat zu Gesicht bekommen. Wie ich später feststellen konnte, ist ein solches Quadrat zum erstenmal als Auflösung eines Rätsels erschienen in dem Buch *Sam Loyd and his Puzzles* (1928) auf Seite 44.
Im *Mathematics Magazine* vom Januar 1951 gibt Dewey Duncan die Definition für ein »Heteroquadrat«: es handelt sich um ein Quadrat, bei dem es keine zwei Reihen, Spalten oder Diagonalen (einschließlich »gebrochene Diagonalen«) mit gleicher Summe gibt. (Das Dreierquadrat hat vier gebrochene Diagonalen. Bezogen auf das Quadrat in Abbildung 2 bestehen sie aus folgenden Dreiergruppen: 1, 6, 4; 8, 2, 5; 3, 8, 6 und 2, 4, 7.) Duncan stellt nun die Aufgabe, ein Heteroquadrat der Dreierordnung zu konstruieren und zu beweisen, daß es keines der Zweierordnung gibt. Der Beweis, daß ein solches Quadrat der Zweierordnung unmöglich ist, ist leicht geführt. Den Beweis, daß ein solches Quadrat der Dreierordnung ebenfalls unmöglich ist, lieferte

Charles F. Pinzka im *Mathematical Magazine* vom September/Oktober 1965 auf Seite 250ff. Quadrate der Viererordnung *sind* möglich. Pinzka zeigt zwei. Einen anderen Beweis für die Unmöglichkeit der Dreierordnung gab Prasert Na Nagara im gleichen Magazin vom September/Oktober 1966 auf Seite 255f. Nagara fand außerdem zwei »beinahe«-Heteroquadrate, in welchen nur zwei Summen gleich waren.

J. A. Lindon gab im *Recreational Mathematics Magazine* die Anregung, nach einem antimagischen Quadrat zu suchen, in welchem die Summen der Reihen, Spalten und Hauptdiagonalen (gebrochene Diagonalen bleiben unberücksichtigt) nicht nur differieren, sondern auch eine Reihe von aufeinanderfolgenden Zahlen bilden. Ein Auszug der Ergebnisse, die Lindon gesammelt hat, erschien zusammen mit neuerem Material in Joseph Madachys Buch *Mathematics on Vacation* (Scribner, 1966) auf den Seiten 101–110. Ein 2-mal-2-Quadrat dieses Typs ist nicht möglich. Allem Anschein nach ist ein Quadrat der Ordnung drei gleichfalls unmöglich, obwohl man sich ihm sehr weit nähern kann, wie das folgende Quadrat (aus C. C. Verbeeks *Puzzel Met Plezier,* Amsterdam, 1962, Seite 155) zeigt:

268
791
534

Alle acht Summen sind verschieden und nur die Summe einer Diagonale, 22, paßt nicht in die Reihe.

Eine Vielzahl antimagischer Quadrate der Viererordnung, bei denen alle Summen eine aufeinanderfolgende Zahlenreihe bilden, hat Lindon gefunden. Die endgültige Anzahl verschiedener antimagischer Quadrate der Dreierordnung, bei denen die Summen keine Reihenfolge bilden, ist bis jetzt noch unbekannt.

2. Die gesuchte Gleichung lautet:

$$36^2 + 37^2 + 38^2 + 39^2 + 40^2 = 41^2 + 42^2 + 43^2 + 44^2$$

Ich schulde Russel L. Linton aus Oakland in Kalifornien Dank für seinen Brief, in dem er darlegte, daß man die erste Zahl der Reihe einer solchen Gleichung mit Hilfe der Formel $n\,(2n + 1)$ erhält. Dabei steht n für die Anzahl der Glieder auf der rechten Seite der Gleichung. So setzen wir, um das nächste Beispiel mit fünf Gliedern auf der rechten Seite zu erhalten, für n gleich $5 : 5\,(10 + 1) = 55$. Und schon können wir schreiben:

$$55^2 + 56^2 + 57^2 + 58^2 + 59^2 + 60^2$$
$$= 61^2 + 62^2 + 63^2 + 64^2 + 65^2$$

Eine Erörterung dieser Reihe unter dem Titel »Runs of Squares« von T.H. Beldon erschien 1961 in der Dezember-Ausgabe der Zeitschrift *The Mathematical Gazette* auf Seite 334f.
Eine triviale Analogie dieser Reihe ist die folgende Reihe der ersten Potenz:

$$1 + 2 = 3$$
$$4 + 5 + 6 = 7 + 8$$
$$9 + 10 + 11 + 12 = 13 + 14 + 15$$

3. Das Problem der Zahlenreihe aus drei Symbolen hat eine faszinierende Geschichte. Sie beginnt 1912 mit der Entdekkung einer Reihe aus zwei Symbolen, die der norwegische Mathematiker Axel Thue als erster gemacht und beschrieben hat. Man entwickelt sie aus der Zifferngruppe 01. Die 0 ersetzt man durch 01 und die 1 ersetzt man durch 10. Das Resultat ist eine Reihe aus vier Gliedern: 0110. Wiederholt man den Vorgang und setzt für jede Null 01 und für jede Eins 10, so ergibt sich die Reihe 01101001. Nach diesem Prinzip kann man eine beliebig lange Reihe bilden, deren Glieder sich mit jedem Schritt verdoppeln, die aber jedesmal wieder mit der Wiederholung der vorherigen Reihe beginnt. Diese Symbolreihe, die sogenannte Thue-Reihe, hat die bemerkenswerte Eigenschaft, daß kein Ziffernblock aus einer oder mehreren Ziffern je dreimal hintereinander erscheint. Die Kette kann möglicherweise einmal ins »Stottern« geraten, aber egal wie lang der Ziffernblock auch ist, der hier wiederholt wird, mit Sicherheit verhindert die nächstfolgende Ziffer eine dritte Wiederholung des Blocks.
Der frühere Schachweltmeister Max Euwe war einer der ersten, der erkannte, daß man nach der Methode der Thue-Reihe ein endloses Schachmatch austragen kann. Die sogenannte »Deutsche Regel«, die solche Spiele verhindern soll, erklärt ein Spiel für Unentschieden (Remis), wenn einer der Spieler eine begrenzte Folge von Zügen dreimal nacheinander spielt. Die beiden Spieler müssen nun lediglich eine Situation schaffen, in der jeder von ihnen zwei Figuren vorwärts oder rückwärts bewegen kann, egal wie der Gegner seine zwei Figuren bewegt. Setzen beide nun ihre Figuren nach dem Thueschen System, so wird sich keine Zugfolge dreimal wiederholen.

Ausgehend von der Thue-Reihe wird es nicht schwer fallen, die von Dr. Matrix verlangte Reihe aus drei Symbolen zu entwickeln. Zuerst übertragen wir die Thuesche Methode auf eine Reihe aus vier Symbolen, indem wir unter jedes 00-Paar die Zahl 0 setzen, unter jedes 01-Paar die Zahl 1, unter jedes 10-Paar die Zahl 2 und unter jedes 11-Paar die Zahl 3:

Thuesche Reihe	0 1 1 0 1 0 0 1 . . .
Reihe aus vier Symbolen:	1 3 2 1 2 0 1 . . .

In dieser unendlichen Reihe aus vier Symbolen erscheint kein Ziffernblock *zweimal* nebeneinander. Diese Reihe wird nun zu einer Reihe aus drei Symbolen, mit den gleichen Eigenschaften, indem man jede 3 durch eine 0 ersetzt:

Reihe aus vier Symbolen:	1 3 2 1 2 0 1 . . .
Reihe aus drei Symbolen:	1 0 2 1 2 0 1 . . .

Diese Ableitung der Reihe aus drei Symbolen stammt von Marston Morse und Gustav Hedlung, 1944 in einem interessanten Artikel mit dem Titel »Unending Chess, Symbolic Dynamics and a Problem in Semigroups« im *Duke Mathematics Journal,* Bd. 11 (1944), Seite 1–7 veröffentlicht. Es gibt frühere Lösungen (einschließlich einer des russischen Mathematikers S. Arshon aus dem Jahre 1937) und viele spätere. John Leech veröffentlichte die folgende Lösung in seinem Artikel »A Problem on Strings of Beads« in der *Mathematical Gazette,* Bd. 41 (1975), Seite 277f.:
Er stellte die drei folgenden Zahlenreihen auf:

0 1 2 1 0 2 1 2 0 1 2 1 0
1 2 0 2 1 0 2 0 1 2 0 2 1
2 0 1 0 2 1 0 1 2 0 1 0 2

Die Ziffern dieser Zahlenreihen sind so angeordnet, daß wir die drei Ziffern in jeder »nicht stotternden« Reihe (z.B. einer der drei gegebenen Zahlenreihen) durch die drei Zahlenreihen ersetzen können (1 durch eine Reihe, 2 durch eine andere und 3 durch die dritte), so daß die neu entstandene Reihe ebenfalls »stotterfrei« sein wird. Die Ziffern dieser längeren Reihe können wir erneut durch die Zahlenreihen ersetzen, um eine noch längere Reihe zu erhalten und so weiter ad infinitum.

Es gibt keine kürzeren Palindrome (Reihen, die vorwärts und rückwärts geschrieben gleich bleiben) für die Art dieser Aufgabe, aber kürzere asymmetrische Reihen sehr wohl. Allan Beek schickte mir eine gleiche Lösung, benutzte aber die folgenden asymmetrischen Reihen von jeweils elf Ziffern:

12313231213
12321312132
12321323132

Eine Gruppe von drei kürzeren Reihen dieses Typs ist nicht bekannt.

Die Reihe aus drei Symbolen macht es möglich, die Regel für unentschiedene Schachpartien zu umgehen, selbst wenn man sie verschärft, indem man ein Spiel für unentschieden erklärt, sobald eine Folge von Zügen nur zweimal nacheinander gespielt wird. Jeder Spieler muß nur drei Figuren nach einem Muster der Reihe aus drei Symbolen setzen.

Neben der zu Beginn erklärten Methode, die Thue-Reihe zu

entwickeln, gibt es noch andere Möglichkeiten. Dana Scott schickte mir 1961 die folgende Beschreibung: Zuerst schreibt man die natürliche Zahlenreihe im Dualsystem: 0, 1, 10, 11, 100, 101, 111, 1000 ... Dann ersetzt man jede Zahl, die eine ungerade Anzahl der Ziffer 1 enthält, durch eine 1 und jede Zahl, die eine gerade Anzahl der Ziffer1 enthält, durch eine 0. Das Resultat präsentiert sich überraschend als die Thuesche Reihe: 011010011 ...
Eine Methode, die Thue-Reihe direkt auf eine Lösung der Aufgabe von Dr. Matrix zu übertragen, wurde 1963 von C.H. Braunholtz in seinem Artikel »An Infinite Sequence of 3 Symbols with no Adjacent Repeats« erläutert, erschienen im *American Mathematics Monthly,* Bd. 70 (1963), Seite 675f. In der Thue-Reihe beträgt die Anzahl der Ziffer 1 zwischen jeweils zwei 0-Ziffern entweder 0, 1 oder 2. Zwischen der ersten und der zweiten 0 steht zweimal die 1, zwischen der zweiten und der dritten 0 einmal die 1, zwischen der dritten und vierten 0 keine 1 und so weiter. Die Anzahl der Einsen zwischen jeweils zwei Nullen ergibt hintereinandergeschrieben eine unendliche Reihe aus drei Symbolen mit den verlangten Eigenschaften: 2102012 ...
Die von P. Erdös aufgestellten Bedingungen für eine Reihe aus drei Symbolen unterscheiden sich nur in einem Punkt von denen unseres Dr. Matrix. Erdös definiert zwei Zahlenblöcke als »identisch«, wenn sie von jedem Symbol die gleiche Anzahl aufweisen. So ist zum Beispiel 00122 = 01201, da jeder Zahlenblock aus zwei 0-Symbolen, einer 1 und zwei 2-Symbolen besteht. Die längste Reihe, die keine zwei »identischen« aufeinanderfolgenden Zahlenblöcke aufweist, ist eine Reihe aus sieben Ziffern: z.B. 0102010. Eine unendliche Reihe aus vier Symbolen, die diesen Bedingungen gerecht wird, ist noch nicht bekannt.

Weitere Beispiele der Thueschen Reihe und der Reihe aus drei Symbolen finden Sie bei:

Marston Morse, »A Solution of the Problem of Infinite Play in Chess«, Abstract 360, *Bulletin of the American Mathematical Society,* Bd. 44 (1938), Seite 632.

D. Hawkins und W. E. Mientka, »On Sequences which Contain no Repetitions«, *Mathematical Student,* Bd. 24 (1956), Seite 185f.

G. A. Hedlung und W. H. Gottschalk, »A Characterization of the Morse Minimal Set«, in *Proceeding of the American Mathematical Society,* Bd. 15 (1964), Seite 70–74.

Richard A. Dean, »A Sequence without Repeats«, in *American Mathematical Monthly,* Bd. 72 (1965), Seite 383ff.

4. Die gesuchte Zahl ist 102564. Sie vervierfacht sich, wenn man die Endziffer 4 an den Anfang der Zahl setzt: 410256. Deshalb kann Miss Toshiyoris Telefonnummer nur 1-0256 sein. Aufgaben dieser Art können leicht mit Hilfe der in Abbildung 12 erklärten Technik gelöst werden.

Haben Sie die Methode begriffen, so werden Sie ohne Schwierigkeiten die folgenden drei Aufgaben meistern:

1. Wie heißt die kleinste Zahl mit der Endziffer 6, die sich versechsfacht, wenn die 6 an den Anfang gestellt wird? (Warnung: Die Zahl hat 58 Ziffern!)
2. Suchen Sie die kleinste Zahl mit der *Anfangsziffer* 2, die sich verdreifacht, wenn die 2 ans Ende gestellt wird.
3. Beweisen Sie, daß es keine Zahl mit der Anfangsziffer *n* ergibt, die sich *n*-mal verdoppelt, wenn man die Anfangsziffer ans Ende setzt. Die Ausnahme bildet der Trivialfall *n* gleich 1.

Für Leser, die mehr über Probleme dieser Art erfahren wollen, gebe ich die folgen Literaturhinweise:

1. Schritt 4 × 4 = 16 Setze 6 unter den Strich, Übertrag 1	1 . . . . 4 4 ——— 6
2. Schritt Schreibe 6 als vorletzte Ziffer des Multiplikanden	1 . . . . 6 4 4 ——— 6
3. Schritt (4 × 6) + 1 = 25 Setze 5 unter den Strich, Übertrag 2	2 1 . . . . 6 4 4 ——— 5 6
4. Schritt Schreibe 5 als drittletzte Zahl des Multiplikanden. Vervollständige nach diesem Prinzip den Multiplikanden bis zur 4 ohne Übertrag. Der Multiplikand ist die gesuchte Zahl.	2 1 . . . . . . 5 6 4 4 ——— 5 6

Abbildung 12. Schema zur Lösung der Aufgabe mit der Telefonnummer von Miss Toshiyori

Aaron Bakst, *Mathematical Puzzles and Pastimes* (Van Nostrand, 1954), Seite 177f.

L.A. Graham, *Ingenious Mathematical Problems and Methods* (Dover, 1959), Problem Nr. 72.

Dan Pedoe, *The Gentle Art of Mathematics* (Macmillan, 1958), Seite 11f.

W. B. Chadwick, »On Placing the Last Digit First«, *American Mathematical Monthly,* Bd. 48 (1941), Seite 251.
D. E. Littlewood, »A Digit Problem, *Mathematical Gazette,* Bd. 39 (1955), Seite 58.
W. D. Skees, »A Permutative Property of Certain Multiples of the Natural Numbers«, *Fibonacci Quarterly,* Bd. 3 (1965), Seite 279f.

KAPITEL III

1. Ein Bruch hat die periodische Dezimalform 0,272727 ...
Wie heißt dieser Bruch?

Schreiben Sie die Gleichung:

$$x = 0{,}272727\ldots$$

Multiplizieren Sie beide Seiten mit 100:

$$100x = 27{,}272727\ldots$$

Subtrahieren Sie die erste Gleichung:

$$\begin{aligned} 100x &= 27{,}272727\ldots \\ x &= 0{,}272727\ldots \\ \hline 99x &= 27 \end{aligned}$$

Sie erhalten:

$$x = 27/99 = 3/11$$

Daraus folgt die Regel: Die sich wiederholenden Dezimalziffern bilden den Zähler des Bruchs und die gleiche Anzahl der Ziffer 9 den Nenner. Dann kürzt man den Bruch auf seine kleinstmögliche Form.

2. Nur vier Zahlen sind gleich der Summe der dritten Potenz ihrer Ziffern: 153, 370, 371 und 407.
G. H. Hardy erwähnt diese vier Zahlen in seinem berühmten kleinen Buch *A Mathematican's Apology* und fügt hinzu: »Dies sind alte Hüte, brauchbar für Rätselecken und als Amüsement für Amateure, aber für Mathematiker überhaupt nicht mehr attraktiv.«
Hardy hat natürlich recht. Aber die meisten Zahlenmystiker sind nun einmal Amateurmathematiker, und das Grundproblem, n-stellige Zahlen zu finden, die gleich der Summe der n-ten Potenz ihrer Ziffern sind, bleibt ein Faszinosum. Viele Leser, die mit Computern arbeiten, suchten nach höheren Zahlen dieser Art. Hier ist eine Zusammenfassung der neuesten Ergebnisse, soweit sie mir bekannt sind:
Regel 1. Jede positive Zahl verhält sich natürlich gleich zu sich selbst.
Regel 2. Keine Zahl ist gleich der Summe der Quadrate ihrer Ziffern, außer in dem schlichten Fall der Zahl 1. Eine Beweisführung liefert N. J. Fine im *American Mathematical Monthly* vom November 1964 auf Seite 1042.
Regel 3. Vier Zahlen sind gleich der Summe der dritten Potenz ihrer Ziffern. Alle Zahlen sind dreistellig (siehe oben).
Regel 4. Drei Zahlen sind gleich der Summe der vierten Potenz ihrer Ziffern. Alle Zahlen sind vierstellig:

1634
8208
9474

Regel 5. Drei fünfstellige Zahlen sind gleich der Summe der fünften Potenz ihrer Ziffern:

54748
92727
93084

Außerdem zwei vierstellige Zahlen:

4150
4151

und eine sechsstellige Zahl:

194979

Regel 6. Überraschenderweise gibt es nur eine Zahl (sie ist sechsstellig), die gleich der Summe der sechsten Potenz ihrer Ziffern ist:

548834

Regel 7. Vier siebenstellige Zahlen sind gleich der Summe der siebenten Potenz ihrer Ziffern:

1741725
4210818
9800817
9926315

Und eine achtstellige Zahl:

14459929

Regel 8. Drei achtstellige Zahlen sind gleich der Summe der achten Potenz ihrer Ziffern:

24678050
24678051
88593477

Regel 9. Vier neunstellige Zahlen sind gleich der neunten Potenz ihrer Ziffern:

146511208
472335975
534494836
912985153

Regel 10. Eine Zahl, vermutlich die einzige, ist gleich der Summe der zehnten Potenz ihrer Ziffern:

4679307774

Diese Zahl ist eine Entdeckung von Harry L. Nelson, der sie in seinem Bericht »More on PDI's«, Publication UCRL-7614, University of California, am 1. Dezember 1963 veröffentlicht hat. Nelsons Ergebnisse finden sich zusammengefaßt in Joseph Madachys Buch *Mathematics on Vacation* (Scribner, 1966) auf Seite 164 in einem Passus, der außer diesem noch verwandte Probleme behandelt. Wie es scheint, ist bis jetzt noch nicht bekannt, ob es eine höchste n-stellige Zahl gibt, die gleich der Summe der n-ten Potenz ihrer Ziffern ist, oder ob eine solche Zahl eine Primzahl ist.

3. Dr. Matrix' Zellennummer ist 45. Setzt man einen Dezimalstrich zwischen die Ziffern, so erhält man 4,5 – den Durchschnittswert von 4 und 5. Dies ist die einzig mögliche Antwort.

4. Der Boden in der Zelle von Dr. Matrix hat eine Fläche von drei mal sechs Metern. Das einzige andere Rechteck, mit Seitenlängen von ganzen Metern, dessen Umfang und Fläche gleich sind, ist das von vier mal vier Metern. Aber wie Dr. Matrix ausdrücklich betonte, ist der Boden seiner Zelle nicht quadratisch.

Dieses Problem ist von historischem Interesse. B.L. van der Waerden zitiert in seinem wunderbaren Buch *Science Awakening* (Oxford, 1961) die folgende Passage von Plutarch: »Ein weiterer Schrecken für die Pythagoreer war die Zahl 17. Denn 17 liegt genau zwischen 16, einer Quadratzahl, und 18, der Verdoppelung einer Quadratzahl. Dies sind die zwei einzigen Zahlen, die Flächen bezeichnen, deren Umfang gleich ihrer Fläche ist.«

Das Problem läßt sich leicht als Diophantische Gleichung schreiben. Für die gesuchten Seiten des Dreiecks setzen wir x und y. Die Fläche xy muß gleich dem Umfang $2x + 2y$ sein. Wir erhalten die folgende Gleichung:

$$y = 2 + \frac{4}{x - 2}$$

y kann nur eine ganze Zahl sein, wenn x gleich 3, 4 oder 6 ist. Das führt zu den zwei möglichen Antworten.

5. Die Buchstaben des Wortes *chesty* (anmaßend) können zu dem Wort *scythe* (Sense) umgestellt werden.

6. Iva Toshiyoris Bemerkung (»Vorgestern war ich 22, aber nächstes Jahr werde ich 25«) bekommt nur dann einen Sinn, wenn sie sie am 1. Januar gemacht hat und ihr Geburtstag am 31. Dezember ist.

KAPITEL V

1. Man kann ein Multiplikationsquadrat leicht zu einem Divisionsquadrat verändern, indem man jede der vier Eckzahlen mit der ihr diagonal gegenüberliegenden Eckzahl vertauscht. Das neue Quadrat heißt dann:

3	1	2
9	6	4
18	36	12

Dies ist die einzige Möglichkeit (ohne Drehungen und Spiegelungen), die neun Zahlen zu einem Divisionsquadrat zu ordnen. Die magische Divisionskonstante ist 6. Multipliziert man die Anfangs- und Endziffer jeder Dreierreihe und teilt das Resultat durch die mittlere Ziffer, so erhält man in jedem Fall 6. Eine kleinere Konstante für ein Divisionsquadrat der Dreierordnung gibt es nicht.
Erwähnenswert ist auch folgender Fall: Wendet man den gleichen Vorgang auf das verwandte magische Additionsquadrat der Dreierordnung an, dessen Reihen, Spalten und Hauptdiagonalen die Summe 15 ergeben, so verwandelt sich die Matrix in ein Subtraktionsquadrat:

2	1	4
3	5	7
6	9	8

Addiert man von jeder möglichen Reihe die Anfangs- und Endziffern und subtrahiert die mittlere Ziffer von der Summe, so erhält man jedesmal 5.
Mehr über magische Multiplikationsquadrate, auch geome-

trische magische Quadrate genannt, erfahren Sie bei:
Henry E. Dudeney, ***Amusements in Mathematics,*** Nelson, 1917 (auch als Dover Paperback erschienen), Seite 124f.
Boris Kordemsky, »Geometric Magic Squares«, in *Recreational Mathematics Magazine,* Februar 1963, Seite 3–6.
Harry A. Sayles, »Geometric Magic Squares and Cubes«, in *Monist,* Bd. 23, Oktober 1913, Seite 631–640.

2. Die Zahl 19 kann mit Hilfe der Rechenzeichen und des Dezimalzeichens wie folgt durch vier Vieren ausgedrückt werden:

$$\frac{4+4-0{,}4}{0{,}4}=19$$

Beachten Sie, daß das Resultat der Gleichung ebenfalls 19 ist, wenn man für die 4 jede andere beliebige Zahl setzt. Das gilt in gleicher Weise für viele der anderen Formeln mit vier Vieren, die in Kapitel 5 vorgestellt werden, und kann zu einer ungewöhnlichen Verallgemeinerung des Spieles führen: Wieviel positive Zahlen, beginnend mit 1, können durch vier *n* mit Beschränkung auf die traditionellen Zeichen ausgedrückt werden?

Die mir bekannten einfachsten Methoden, 64 durch vier Vieren, drei Vieren und zwei Vieren auszudrücken, sehen so aus:

$$(4+4)\,(4+4)=64$$

$$4\times4\times4=64$$

$$\sqrt{\sqrt{\sqrt{4^{4!}}}}=64$$

Ruth Ann Schiller, Chefredakteurin des *Journal of Mathematical Physics,* schickte mir als erste diese sehr beeindruckende Methode, 64 durch zwei Vieren auszudrükken:

$$4!! \times 4!! = 64$$

Das doppelte Fakultätszeichen »!!« ist zwar ungewohnt, aber gehört doch zu den Standardzeichen. Steht nach 2*n* dies Zeichen »!!«, so heißt das aufgeschlüsselt: $2 \times 4 \times 6 \ldots \times 2n$. Daraus folgt: $4!! = 2 \times 4 = 8$.

Ein anonymer Leser schickte die folgende Lösung:

$$\rotatebox{180}{4}4$$

Weitere Methoden, die 64 durch zwei Vieren auszudrücken, finden sich bei:

J.A. Tierney, Problem E 631, *American Mathematical Monthly,* Bd. 52 (1945), Seite 219.

J.A. Tierney, »64 Expressed by Two Fours«, in *Scripta Mathematica,* Bd. 18, September/Dezember 1952, Seite 218.

C.W. Trigg, »The Number 64 Expressed by Two Fours«, in *Scripta Mathematica,* Bd. 19, Dezember 1953, Seite 242.

Methoden, die 64 durch drei Vieren auszudrücken, finden sich bei:

H.S.M. Coxeter, »Rouse Ball's Unpublishes Notes on Three Fours«, in *Scripta Mathematica,* Bd. 18, März 1952, Seite 85f.

Und Beispiele, die 64 durch vier Vieren auszudrücken:

Marjorie Bicknell und Verner E. Hoggatt, »64 Ways to Write 64 Using Four 4's«, in *Recreational Mathematics Magazine,* Januar/Februar 1964, Seite 13ff.

Besteht die Möglichkeit, 64 durch eine 4 auszudrücken? Ja, mit der richtigen Zeichensetzung kann wohl jede positive ganze Zahl durch eine 4 ausgedrückt werden. Eine Methode nur unter Verwendung von Klammern, Quadratwurzelzeichen und Fakultätszeichen erklärt Donald E. Knuth in seinem Aufsatz »Representing Numbers Using Only One 4«, im *Mathematics Magazine,* Bd. 37 vom November/Dezember 1964, auf Seite 308–310. Vergleiche auch S. Guttmann, »The Single Digit 4«, in *Scripta Mathematica* vom März 1956, Seite 78.

Leser, die sich dafür interessieren, wie man Zahlen über 20 durch vier Vieren ausdrücken kann, finden eine Reihe von Beispielen für die Zahlen von 1 bis 100 bei L. Harwood Clarke, *Fun with Figures* (Heinemann, 1954), Seite 51–55, und bei Angela Dunn, *Mathematical Bafflers* (McGraw-Hill, 1964), Seite 3–8. Eine Aufstellung für die Zahlen 1 bis 30 findet sich bei S.I. Jones, *Mathematical Wrinkles* (Jones, 1912), Seite 217. Eine Darstellung der Zahl Pi durch vier Vieren geben J.H. Conway und M.J.T. Guy in »Pi in Four 4's«, in *Eureka,* Oktober 1962, Seite 18f.

Ohne Frage kann man ungezählte Stunden seiner kostbaren Zeit damit vergeuden, nun auch noch zu versuchen, ganze Zahlen durch zwei Zweien, drei Dreien, fünf Fünfen und so weiter auszudrücken. Es sind auch viele Artikel darüber erschienen, aber mich langweilt das Thema inzwischen so, daß ich mich nicht einmal überwinden kann, die wenigen Beispiele, die ich in meinen Akten habe, abzuschreiben.

Die allgemeiner gehaltene Aufgabe, ganze Zahlen durch vier *n* (Formeln, in denen jede ganze Zahl für *n* gesetzt werden kann) auszudrücken, findet sich in den Abhandlungen von Seymour Krutman, erschienen in *Scripta Mathematica,* Bd. 13, vom März/Juni 1947, Seite 47; und Bonald C.B.

Marsh, *ebd.,* Bd. 15, vom März 1949, Seite 91. Verner Hoggatt und Leo Moser zeigen in ihrem Aufsatz »A Curious Representation of Integers« im *American Mathematical Monthly,* Bd. 57, vom Januar 1950, Seite 35, wie man mit jeder Zahl, die größer ist als 1 und die man öfter als dreimal wiederholt, und mit einer begrenzten Anzahl mathematischer Rechenzeichen, jede beliebige Zahl ausdrücken kann.

KAPITEL VI

1. Der einzige vierstellige Zahlenblock, der sich in dem Sinne selbst erhält, wie es im Kapitel 6 dargestellt wird, ist 7641. Wird eine Zahl umgekehrt und die kleinere von den größeren subtrahiert, so muß die Summe der sich ergebenden Ziffern ein Vielfaches von 9 sein. Falls der Leser dies wußte, war seine Suche nach der vierstelligen Zahl schnell vorbei, denn da nur vier Ziffern 9, 18 oder 27 ergeben dürfen, war die Auswahl nicht groß.
Eine Variante bietet diesen schönen Zeitvertreib: Schreiben Sie vier beliebige Ziffern (keine gleichen) in abnehmender Reihenfolge, kehren Sie sie um und subtrahieren Sie; wiederholen Sie den ganzen Vorgang mit der neuen Zahl. Nach sieben oder weniger Wiederholungen kommen Sie auf die Ziffern 7641, in dieser oder anderer Anordnung. Bei gleichem Vorgehen mit einer dreistelligen Zahl kommen Sie schnell zu den Ziffern 954, dies ist der einzige dreistellige sich selbst erhaltende Zahlenblock.
Weitere Details und generelle Überlegungen zu diesem Thema finden Sie bei D.R. Kaprekar in »An Interesting Property of the Number 6174« (*Scripta Mathematica,*

Bd. 21, 1955, S. 304) und bei J.H. Jordan in »Self Producing Sequences of Digits« (*American Mathematical Monthly,* Bd. 71, Januar 1964, S. 61–64).
W.A. Tillick aus Lower Hutt in Neuseeland schrieb mir, daß er einen Burroughs B200 Computer auf das Errechnen aller vierstelligen Zahlen, in *nicht* fallender Anordnung, die selbsterhaltend sind, programmiert hat. Hier sind fünf davon:

$$9108 - 8019 = 1089$$
$$5823 - 3285 = 2538$$
$$3870 - 0783 = 3087$$
$$2961 - 1692 = 1269$$
$$1980 - 0891 = 1089$$

2. Die Nummer des Hotelzimmers ist 497. Diese Zahl mit 2 addiert ergibt 499; mit 2 multipliziert ergibt sie 994. Die Zahlen 497 und 2 sind das einzige Paar, das bei Addition und Multiplikation zwei dreistellige Zahlen ergibt, die ihre eigene Umkehrung sind.
Es gibt drei Zahlenpaare, die sich ebenso verhalten, aber zweistellige Resultate ergeben: $24 + 3 = 27$, $24 \times 3 = 72$; $47 + 2 = 49$, $47 \times 2 = 94$; $9 + 9 = 18$, $9 \times 9 = 81$.

3. Hier nun die einzigen Möglichkeiten, höchstens fünf Plus- oder Minuszeichen in die steigende und fallende Reihe zu setzen, um die Summe 65 zu erhalten:

$$123 + 4 - 56 - 7 - 8 + 9 = 65$$
$$-98 + 76 + 54 + 32 + 1 = 65$$

4. Eine Möglichkeit, auf einem 12-cm-Lineal vier Markierungen so zu verteilen, daß jede ganze Länge von 1 bis 12 di-

rekt gemessen werden kann, ist die Festlegung der Markierungen bei 1, 4, 7 und 10 cm.
Es läßt sich leicht beweisen, daß mit einem Lineal mit drei Markierungen höchstens 10 verschiedene Längen gemessen werden können. Numeriert man die drei Markierungen und die zwei Enden des Lineals, indem man an einem Ende mit 0 beginnt, so entspricht jede meßbare Länge der Differenz zwischen zwei der fünf Zahlen. Die Zahl der verschiedenen Möglichkeiten, unterschiedliche fünf Zahlen zusammenzustellen, ist 4 + 3 + 2 + 1 = 10, also ist 10 klarerweise das Maximum. Eine Methode, drei Markierungen auf einem 12-cm-Lineal zu verteilen, um zehn verschiedene Längen messen zu können, ist die Plazierung auf 1, 4 und 10. Es ist nicht möglich, ein 10-cm-Lineal durch drei Markierungen so zu unterteilen, daß alle zehn Längen gemessen werden können.
Mit einem Minimum von acht Markierungen auf einem 36-cm-Lineal kann man alle Längen von 1 bis 36 cm messen. Die Markierungen liegen bei 1, 3, 6, 13, 20, 27, 31 und 35. Diese Lösung wurde von John Leech gefunden, der sie in seiner schon klassischen Abhandlung »On the Representation of 1, 2, . . ., *n* by Differences«, im *Journal of the London Mathematical Society,* Bd. 31 (1956) auf den Seiten 160–169 veröffentlicht hat.
Henry E. Dudeney fragte in seiner Aufgabe Nr. 180 in *Modern Puzzles* (1926) nach der Plazierung von acht Markierungen auf einem 33-cm-Lineal und gab sechzehn Lösungen. Dudeney konnte noch unwidersprochen daran glauben, daß für ein Lineal, das länger als 33 cm ist, wenigstens neun Markierungen benötigt werden. Das war damals die allgemeine Ansicht, bis Leech die Grenze bei 36 cm festsetzte, dem Maximum für acht Markierungen (oder neun

Segmenten), wie man seither annimmt. Das soll nicht heißen, daß Leechs Lösung die einzig mögliche ist, auch wenn bis jetzt noch keine andere gefunden wurde. Das Hauptproblem ist noch lange nicht gelöst worden und führt in die höchst komplizierten Grenzbereiche und tiefgründigen Aspekte moderner Kombinatorik in der Mathematik.

Leechs Ergebnisse in seiner Abhandlung von 1956 erschienen erweitert und von ihm selbst unter Mitarbeit von C.B. Haselgrove überarbeitet in ihrem gemeinsamen Aufsatz »Note on Restricted Difference Bases«, im *Journal of the London Mathematical Society,* Seite 228–231. Vergleiche dazu auch T.H. O'Beirnes Kommentare zum Lineal-Problem in *Puzzles and Paradoxes* (Oxford, 1965), Seite 110f.

(An dieser Stelle möchte ich herzlich danken: John Bales für den Deweyschen Dezimaleinfall, Donald C. Rehkopf für das Pi-Muster, Martin Cohen für die Divisionsrechnung mit der Zahl 987654321 und ihrer Umkehrung, und Don T. Hastings für die Aufgabenbeispiele, Rechenzeichen in neunstellige Zahlenreihen zu setzen.)

1. Als erste Aufgabe war eine Erklärung für die sonderbare Zahl 32650494425 zu finden, die auf Seite 331 des Buches *The Scientist Speculates: An Anthology Partly-Baked Ideas,* herausgegeben von I. J. Good, erscheint. Der Gute verbrät ein Pi, indem er die ersten zehn Ziffern des Dezimalsystems mit den ersten zehn Dezimalziffern der Zahl Pi addiert:

$$\begin{array}{r} 3{,}1415926535 \\ \underline{0{,}1234567890} \\ 3.2650494425 \end{array}$$

2. Die zwei Zahlen mit der größten Endsumme, die man aus den zehn Ziffern bilden kann, sind 96420 und 87531. Unter den Zahlenpaaren, die die gleiche Summe ergeben, ist das Paar mit der größten Endsumme sich am ähnlichsten. Mit Hilfe dieser Regel können wir das Problem lösen, indem wir in absteigender Reihenfolge zwei Zahlen gleichzeitig bilden. Wir beginnen die Zahlen mit 9 und 8. Ordnen die übrigen Ziffern zu Paaren und fügen die größere Ziffer jedes Paares der kleineren der zwei Zahlen 9 und 8 hinzu. So erhalten wir 96 und 87, 964 und 875 und so weiter.

3. Die Zahl 8549176320, die die Indexmacherin namens Betty zusammengestellt hat, stellt die zehn Ziffern in alphabetischer Reihenfolge dar (gemäß ihrer englischen Schreibweise). (Wie Sie sicher schon bemerkt haben, stehen auch die Buchstaben ihres Namens »Betty« in alphabetischer Reihenfolge.)

4. Viele mathematische Zauberkunststücke und auch undurchsichtige Zahlentricks basieren auf dem Prinzip, das Dr. Matrix in Form eines Ratschlags an Smith weitergegeben hat. Den folgenden simplen Beweis, daß die beschrie-

benen Rechenoperationen 1089 ergeben müssen, führte Wallace Lee in *Math Miracles* (Privatdruck, Durham, N. Y., 1950) auf Seite 26.:

Für die Hunderter-, Zehner- und Einerposition der größeren der zwei ersten Zahlen setzt man die Buchstaben *HZE*. Ihre Umkehrung *EZH* kann nur subtrahiert werden, wenn man vom oberen *Z* 1 abzieht, was heißt, daß man zum oberen *E* 10 dazuzählt; und da das obere Z nun kleiner ist als das darunterstehende, borgt man eine 1 vom oberen *H*, was heißt, daß man zum oberen *Z* 10 dazuzählt. Die Gleichung sieht so aus:

$$\begin{array}{ccc} H-1 & Z-1+10 & E+10 \\ E & Z & H \\ \hline \end{array}$$

Das Subtraktionsergebnis lautet:

$$\begin{array}{ccc} H-1-E & 9 & E+10-H \\ \hline \end{array}$$

Diese Zahl wird umgekehrt und addiert:

$$\begin{array}{ccc} H-1-E & 9 & E+10-H \\ E+10-H & 9 & H-1-E \\ \hline 10 & 8 & 9 \end{array}$$

Die Anwendung dieser Rechnung auf Mr. Smith und sein Gesundheitsproblem erschien zuerst in *Ibidem,* einem Kanadischen Zauberjournal, Nr. 7, im September 1956.

5. Die einzige Lösung für Harry Hazards kryptoarithmetische Multiplikationsgleichung

$$\begin{array}{r} \text{LYNDON} \\ \text{B} \\ \hline \text{JOHNSON} \end{array}$$

ist:

$$\begin{array}{r} 570140 \\ 6 \\ \hline 3420840 \end{array}$$

Zwei Leser, D. Gospodnetil und Douglas G. Russell, haben die Lösung jeweils ihrem Computer übertragen, der in wenigen Minuten (die Stunden des Programmierens nicht eingerechnet) bewiesen hat, daß die obige Lösung die allein mögliche ist. Russell programmierte den Computer außerdem auf ein anderes Problem, um zu erfahren, ob auch diese Aufgabe nur eine einzige Lösung hat. Unabhängig von ihm beschäftigte sich ein anderer Leser, Edward C. Devereux, mit dem gleichen Problem:

$$\begin{array}{r} \text{.MARTIN} \\ \text{A} \\ \hline \text{.GARDNER} \end{array}$$

Die Punkte sind Dezimalzeichen. Wie sich herausstellte, hat diese Gleichung tatsächlich nur eine Lösung. Außerdem steht A in jedem dieser Muster, das eine Lösung ergibt, immer für dieselbe Ziffer. Nun würde ich natürlich gern bestätigen, daß mein zweiter Vorname mit A beginnt; aber leider besitze ich einen zweiten Vornamen gar nicht.

Auf meine Veröffentlichung von Dr. Matrix' Behauptung, die Vier sei die einzige ehrliche Zahl, erhielt ich einen Berg von Protestbriefen. Der Doktor dachte natürlich nur an reine Zahlennamen und nicht an mathematische Klimmzüge, wie sie viele meiner Leser vollführt haben. Ohne diese Einschränkung können allerdings unendlich viele sogenannte ehrliche Zahlen gefunden werden. »How about two cubed?« (Wie wärs mit zwei hoch drei?) fragte Morris H. Woskow, oder »twelve plus one« (zwölf plus eins), »twenty minus five« (zwanzig minus fünf), »minus four squared« (minus Vierquadrat) und so weiter. Walter Erbach schickte sogar eine Liste von vierzig Beispielen, darunter auch die folgenden: »one half of thirty« (die Hälfte von dreißig), »square root of nine hundred sixty one« (Quadratwurzel aus neunhunderteinundsechzig) und »integral of *x* d*x* from sixteen to eighteen« (Integral x dx von sechzehn bis achtzehn). Michael Burke und Norman Buchignani konstruierten so exotische Sätze wie »the largest prime less than thirty« (die größte Primzahl unter dreißig) und »the odd integer between thirty-eight and forty« (die ungerade Zahl zwischen achtunddreißig und vierzig). Paul C. Hoell präsentierte einen Satz von 62 Buchstaben, »cube root of two hundred thirty eight thousand three hundred twenty eight« (dritte Wurzel aus zweihundertachtunddreißigtausenddreihundertachtundzwanzig), kaum zu glauben, aber er wurde noch übertroffen von Robert B. Pitkin mit einem Satz aus 101 Buchstaben, »Seventh root of one zero seven trillion two thirteen billion five thirty five million two ten thousand seven hundred one« (siebente Wurzel aus eins null sieben Trillionen zwei dreizehn Billionen fünf fünfunddreißig Millionen zwei zehntausendsiebenhunderteins).

Zwei der Schreiber, W.M. Woods und Malcolm R. Billings,

stellten fest, daß die Reihe dieser Art ehrlicher Zahlennamen unendlich ist. Der Zusatz »added to ten« (addiert zu zehn) hat zehn Buchstaben. Durch die bloße Wiederholung dieses Zusatzes kann man eine unendliche Reihe ehrlicher Zahlennamen schreiben. Zum Beispiel: »four added to ten, added to ten, added to ten ...«

Ehrliche Zahlen, in der Bedeutung wie Dr. Matrix sie versteht, gibt es allerdings in anderen Sprachen noch eine ganze Menge. Dmitri Borgmann beschreibt in seinem wunderbaren Buch *Language on Vacation* (Scribner, 1965) auf Seite 243, daß der Name für drei auf dänisch, norwegisch, schwedisch und italienisch *tre* ist, und auf walisisch, irisch und gaelisch *tri;* vier ist nicht nur auf englisch eine ehrliche Zahl, sondern auch auf holländisch und deutsch, *vier, fire* auf dänisch und norwegisch, und *fyra* auf schwedisch; fünf ist *cinco* auf spanisch und portugiesisch, *cinci* auf rumänisch, *piaty* auf polnisch, *penki* auf littauisch, *peezi* auf lettisch und *pente* auf griechisch. Wie ich von Peter Salus erfuhr, heißt fünf auf Sanskrit *pañca.*

Diese Liste hat Harry Lindgren ergänzt durch das russische три (drei) und Одиннадцать. (elf). Wahrscheinlich ist das zweite russische Wort überhaupt der längste ehrliche Name für eine Zahl, der in einer Sprache möglich ist. Lindgren machte überdies noch darauf aufmerksam, daß sowohl im Dänischen als auch im Norwegischen drei aufeinanderfolgende Zahlen, Zwei, Drei und Vier, ehrliche Namen haben: *to, tre, fire;* das ist übrigens im Esperanto nicht anders: *du, tri, kvar.*

Als eine der unehrlichen Zahlen im englischen bezeichnet Borgmann die Fünf: *Five.* Nicht nur besteht sie aus vier Buchstaben, sondern sie trägt auch noch in ihrer Mitte die römische Ziffer IV.

KAPITEL VIII

1. Bei dem akrostischen Gedicht handelt es sich um »An Enigma« von Edgar Allan Poe. Der versteckte Name der Dame Sarah Anna Lewis wird lesbar, wenn man den ersten Buchstaben der ersten Zeile, den zweiten Buchstaben der zweiten Zeile und so weiter alle Buchstaben bis zum vierzehnten der vierzehnten Zeile aneinanderreiht.* Mrs. Lewis lebte als Dichterin in Baltimore. Ihre Ergüsse wurden von Poe zwar schlichtweg als »Blödsinn« bezeichnet, aber da sie ihn finanziell unterstützte, fühlte er sich ihr doch verpflichtet. Dieses Gedicht ist nicht so bekannt wie sein anderes Akrostichon »A Valentine« (Ein Valentins-Brief), in dem er den Namen einer anderen Dame auf ähnliche Weise versteckt hat. Das Wort »tuckermanities« in Zeile zehn von »An Enigma« bezieht sich auf die konventionellen, senti-

* In der deutschen Ausgabe der Poeschen Werke (erschienen im Walter-Verlag, Olten und Freiburg, 1973) hat das in Band IV, Seite 161, stehende Gedicht in der Übertragung von Hans Wollschläger seine akrostische Besonderheit bewahrt (A. d. Ü.):

Ein Rätsel

»Selten ist ein Sonett«, steht bei Don Dunce,
    »halb nur so sinnvoll auch, wie's innig tut.
Der Flimmerdinge Tand durchschaun wir ganz
    so lachhaft leicht als einen Napel-Hut –
    wo schaute man wohl jemals größern Plunder?
Verzwackter als Petrarca ihr ersinnt
den dünnsten Unsinn, den ein jeder Wind
    verwehen läßt wie eitel Flaum und Zunder!«
Fürwahr, das schrieb ein Mann, der recht gesinnt!
Die schändlich flotten Tuckermanierismen
sind bloße Seifenblasen und Sophismen –
doch *dies* ist wahrlich – und wen nimmt das wunder? –
unsterblich sinnvoll – wird das Bild entdeckt
des edlen Namens, der darin versteckt.

mentalen Arbeiten von Henry Theodore Tuckerman, einem New Yorker Dichter und Schriftsteller jener Tage.

2. Das Akrostichon in dem Gedicht »Maude« entschlüsselt sich, wenn man die beiden ersten Buchstaben jeder Zeile hintereinander liest. Es heißt »Peculiar acrostic« (eigentümliches Akrostichon).

3. Die erste Zeile des Gedichts von J.A. Lindon läßt sich auf zwei weitere Arten auch lesen: Indem man das erste Wort jeder Zeile liest oder das *n*-te Wort jeder *n*-ten Zeile.

Es existiert keine umfassende Geschichte über akrostische Verse. Die elfte Edition der *Encyclopaedia Britannica* enthält einen Artikel über das Akrostichon, aber der Text ist offensichtlich zum größten Teil dem Buch von Bombaugh, das ich in einer Fußnote im 8. Kapitel schon erwähnt habe, entnommen.

Auskunft über Akrostichen im Alten Testament und anderen alten hebräischen religiösen Schriften geben die *Jewish Encyclopedia,* die *Encyclopedia of Religion and Ethics* und das *Interpreter's Dictionary of the Bible.* N.K. Gottwald behandelt das Akrostichon im ersten Kapitel seines Buches *Studies in the Book of Lamentation* (1954).

Es sind unzählige Bücher mit akrostischen Versen veröffentlicht worden, meist als Privatdruck. Das anonym veröffentlichte Buch *Dick's Original Album of Verses and Acrostics* (Dick und Fitzgerald, 1879) enthält 218 akrostische Gedichte auf die Vornamen verschiedener Damen. *Acrostic Poems and Other Verses* von Lewis C. Scott, im Eigenverlag erschienen, ist ein schwerwiegendes Werk von 400 Seiten. Der Autor war Leiter der Scott-Kurzwaren-Company in Sioux, Iowa. Seine Akrostichen bestehen größtenteils aus den Namen von High-School-Studenten verschiedenster

Altersstufen. In dem Buch finden sich Fotografien der Studenten, Fotografien des Autors und seiner Familie sowie Fußnoten, die sämtliche klassischen Allusionen in der Poesie erklären. Der Autor hat die Buchstaben für den Druck eigenhändig zusammengetragen.
Es dürfte schwerfallen, noch unbedeutendere Lyrik als die Scottschen Verse zu schreiben, aber sie wird doch noch von W.P. Chilton jr. mit seinem *Mansion of the Skies: An Acrostic Poen on the Lords's Prayer* (John Ross and Company, 1875) überboten, einem Buch von 27 Seiten. Das Gedicht beginnt mit den Worten:

O sweet, celestial home – yon gilded sky –
Undimmed in radiance for endless years,
Robed bright in beauty for eternity!
Fain would I sing the bliss which there appears,

Ein akrostisches Gedicht, bei dem die ersten *Wörter* jeder Zeile das Vaterunser ergeben, findet sich im schon erwähnten Buch von Bombaugh.